westermann

FORMEL
FINDER

FORMEL FINDER

Erarbeitet von:
Tim Baumert, Henning Körner

westermann GRUPPE

© 2022 Westermann Bildungsmedien Verlag GmbH, Georg-Westermann-Allee 66, 38104 Braunschweig
www.westermann.de

Druck A[1] / Jahr 2022
Alle Drucke der Serie A sind im Unterricht parallel verwendbar.

Redaktion: Marcel Orban
Umschlagentwurf: Lio Designagentur, Braunschweig
Titelbild: iStockphoto.com, Calgary: eugenesergeev
Innenlayout: zweiband.media, Berlin
Grafiken: zweiband.media, Berlin
Druck und Bindung: Westermann Druck GmbH, Braunschweig

ISBN 978-3-14-**127790**-6

Inhalt

Stochastik

Schnellfinder
Mathematik

Umrechnen von Größen

**Längen,
Flächen,
Volumina**

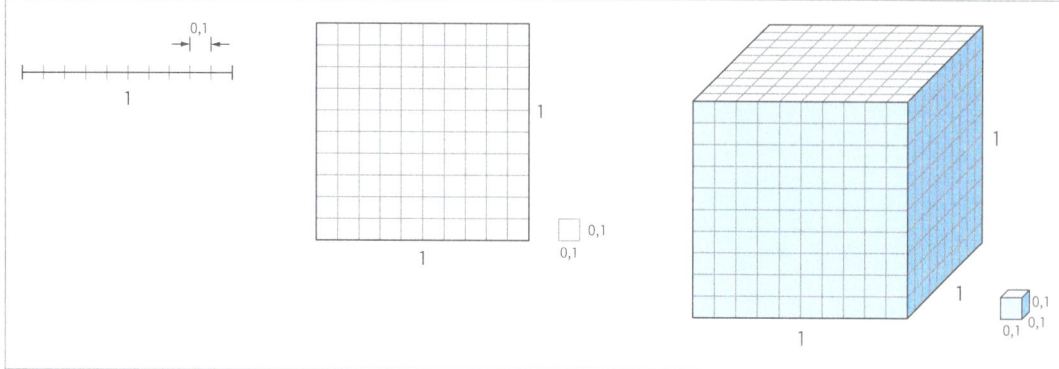

Längen

↗ *Vorsätze bei
Maßeinheiten
S. 14*

Kilometer	$1\,km = 1000\,m = 10^3\,m$	
Meter	$1\,m\ \ = 10\,dm\ = 10^1\,dm$	$1\,m\ \ = 0,001\,km = 10^{-3}\,km$
Dezimeter	$1\,dm = 10\,cm\ = 10^1\,cm$	$1\,dm = 0,1\,m\ \ \ \ \ = 10^{-1}\,m$
Zentimeter	$1\,cm\ = 10\,mm = 10^1\,mm$	$1\,cm\ = 0,1\,dm\ \ \ = 10^{-1}\,dm$
Millimeter		$1\,mm = 0,1\,cm\ \ \ = 10^{-1}\,cm$

Zoll (inch)	$1"\ \ \ \ = 1\,in\ \ \ \ = 2,54\,cm$	$1\,cm \approx 0,3937" = 0,3937\,in$
foot	$1\,ft\ \ \ = 12"\ \ \ \ = 30,48\,cm$	$1\,m\ \ \approx 3,2808\,ft$
yard	$1\,yd\ = 3\,ft\ \ \ = 91,44\,cm$	$1\,m\ \ \approx 1,0936\,yd$
mile	$1\,mile = 1760\,yd \approx 1,609\,km$	$1\,km \approx 0,6214\,mile$
Seemeile	$1\,sm\ = 1,852\,km$	$1\,km \approx 0,5400\,sm$

Flächen

↗ *ebene Figuren
S. 43*

Quadratkilometer	$1\,km^2 = 100\,ha\ \ \ \ = 10^2\,ha$	
Hektar	$1\,ha\ \ = 100\,a\ \ \ \ \ \ = 10^2\,a$	$1\,ha\ \ \ = 0,01\,km^2 = 10^{-2}\,km^2$
Ar	$1\,a\ \ \ \ = 100\,m^2\ \ \ \ = 10^2\,m^2$	$1\,a\ \ \ \ \ = 0,01\,ha\ \ \ = 10^{-2}\,ha$
Quadratmeter	$1\,m^2\ \ = 100\,dm^2\ = 10^2\,dm^2$	$1\,m^2\ \ = 0,01\,a\ \ \ \ = 10^{-2}\,a$
Quadratdezimeter	$1\,dm^2 = 100\,cm^2\ = 10^2\,cm^2$	$1\,dm^2 = 0,01\,m^2\ \ = 10^{-2}\,m^2$
Quadratzentimeter	$1\,cm^2\ = 100\,mm^2 = 10^2\,mm^2$	$1\,cm^2\ = 0,01\,dm^2\ = 10^{-2}\,dm^2$
Quadratmillimeter		$1\,mm^2 = 0,01\,cm^2\ = 10^{-2}\,cm^2$

Volumina

↗ *Körper
S. 46*

Kubikmeter	$1\,m^3\ \ \ = 1000\,dm^3\ = 10^3\,dm^3$	
Kubikdezimeter	$1\,dm^3 = 1000\,cm^3\ = 10^3\,cm^3$	$1\,dm^3 = 0,001\,m^3\ \ = 10^{-3}\,m^3$
Kubikzentimeter	$1\,cm^3 = 1000\,mm^3 = 10^3\,mm^3$	$1\,cm^3 = 0,001\,dm^3 = 10^{-3}\,dm^3$
Kubikmillimeter		$1\,mm^3 = 0,001\,cm^3 = 10^{-3}\,cm^3$

Hektoliter	$1\,h\ell = 100\,\ell\ \ = 100\,dm^3$	
Liter	$1\,\ell\ \ = 100\,c\ell = 1\,dm^3$	$1\,\ell\ \ = 0,01\,h\ell = 1\,dm^3$
Zentiliter	$1\,c\ell\ = 10\,m\ell = 10\,cm^3$	$1\,c\ell\ = 0,01\,\ell\ \ \ = 0,01\,dm^3$
Milliliter	$1\,m\ell = 1\,cm^3$	$1\,m\ell = 0,1\,c\ell\ \ = 1\,cm^3$

Tonne	$1\,t\ \ = 1000\,kg\ = 10^3\,kg$	$1\,kg\ = 0,001\,t\ \ = 10^{-3}\,t$
Kilogramm	$1\,kg = 1000\,g\ \ \ = 10^3\,g$	$1\,g\ \ = 0,001\,kg = 10^{-3}\,kg$
Gramm	$1\,g\ \ = 1000\,mg = 10^3\,mg$	$1\,mg = 0,001\,g\ \ = 10^{-3}\,g$
Milligramm		

Zentner	$1\,Ztr\ \ = 50\,kg = 100\,Pfund$	$1\,kg = 0,02\,Ztr$
Pfund	$1\,Pfund = 500\,g$	$1\,kg = 2\,Pfund$
Unze	$1\,oz\ \ \ \approx 28,35\,g$	$1\,kg \approx 35,27\,oz$
Karat	$1\,k\ \ \ \ = 0,2\,g$	$1\,g\ \ = 5\,k$

Tag	$1\,d\ \ \ = 24\,h\ \ \ = 1440\,min = 86400\,s$	
Stunde	$1\,h\ \ = 60\,min = 3600\,s$	$1\,h\ \ \approx 0,0417\,d$
Minute	$1\,min = 60\,s$	$1\,min \approx 0,0167\,h$
Sekunde		$1\,s\ \ \ \approx 0,0167\,min$

Kilometer pro Stunde	$1\,km/h \approx 0,2778\,m/s$	
Meter pro Sekunde	$1\,m/s\ \ = 3,6\,km/h$	
Meilen pro Stunde	$1\,mph \approx 1,609\,km/h$	$1\,km/h \approx 0,62\,mph$
Knoten	$1\,kn\ \ \ = 1\,sm/h \approx 1,8518\,km/h$	$1\,km/h \approx 0,54\,kn$

Abrunden	Ist die Ziffer rechts von der Rundungsstelle **≤ 4**, wird **abgerundet**. Der Zahlenwert der Rundungsstelle bleibt erhalten.
Aufrunden	Ist die Ziffer rechts von der Rundungsstelle **≥ 5**, wird **aufgerundet**. Der Zahlenwert der Rundungsstelle wird um 1 erhöht.

Mathematische Zeichen und Symbole

$a = b$	a ist **gleich** b
$a \neq b$	a ist **ungleich** b
$a < b$	a ist **kleiner als** b
$a \leq b$	a ist **kleiner oder gleich** b
$a > b$	a ist **größer als** b
$a \geq b$	a ist **größer oder gleich** b
$a \approx b$	a ist **ungefähr gleich** b
$a \sim b$	a ist **proportional** zu b

$a \triangleq b$	a **entspricht** b
$a \mid b$	a ist **Teiler** von b
$a \nmid b$	a ist **kein Teiler** von b
$\neg$	**nicht** (non)
$\wedge$	**und**
$\vee$	**oder**
$\Rightarrow$	**wenn … dann …**
$\Leftrightarrow$	**… genau dann, wenn …**

Geometrische Symbole

A, *B*, *C*: Punkte
g, *h*: Geraden
F, *F*': Figuren

↗ *Geometrie*
S. 36

AB	**Gerade** durch die Punkte *A* und *B*
$\overline{AB}$	**Strecke** mit den Endpunkten *A* und *B* **Länge der Strecke** mit den Endpunkten *A* und *B*
$\overrightarrow{AB}$	**Strahl** mit dem Anfangspunkt *A* durch *B*
g ∥ *h*	*g* ist **parallel** zu *h*
g ∦ *h*	*g* ist **nicht parallel** zu *h*
△*ABC*	**Dreieck** mit den Eckpunkten *A*, *B* und *C*

∟	rechter Winkel
g ⊥ *h*	*g* ist **senkrecht zu** *h* *g* ist **orthogonal zu** *h*
∢*ABC*	**Winkel** mit dem Scheitelpunkt *B*
F ≅ *F*'	*F* und *F*' sind **kongruent**
F ~ *F*'	*F* und *F*' sind **ähnlich**

Griechisches Alphabet

Alpha		Beta		Gamma		Delta		Epsilon		Zeta	
A	α	B	β	Γ	γ	Δ	δ	E	ε	Z	ζ

Eta		Theta		Iota		Kappa		Lambda		My	
H	η	Θ	θ	I	ι	K	κ	Λ	λ	M	μ

Ny		Xi		Omikron		Pi		Rho		Sigma	
N	ν	Ξ	ξ	O	o	Π	π	P	ρ	Σ	σ

Tau		Ypsilon		Phi		Chi		Psi		Omega	
T	τ	Y	υ	Φ	φ	X	χ	Ψ	ψ	Ω	ω

Römische Zahlzeichen

1	5	10	50	100	500	1000
I	V	X	L	C	D	M

Vorsätze bei Maßeinheiten

Exa	Peta	Tera	Giga	Mega	Kilo	Hekto	Deka
E	P	T	G	M	k	h	da
10^{18}	10^{15}	10^{12}	10^{9}	10^{6}	10^{3}	10^{2}	10^{1}

Atto	Femto	Piko	Nano	Mikro	Milli	Zenti	Dezi
a	f	p	n	μ	m	c	d
10^{-18}	10^{-15}	10^{-12}	10^{-9}	10^{-6}	10^{-3}	10^{-2}	10^{-1}

e	**Eulersche Zahl** $e = 2{,}718\,281\,828\,459\,045\,235\ldots$		π	**Kreiszahl Pi** $\pi = 3{,}141\,592\,653\,589\,793\,238\ldots$
∞	**unendlich**		% ‰	**Prozent**zeichen **Promille**zeichen
$n!$	n **Fakultät** Es gilt: $0! = 1$ und $1! = 1$ und $n! = 1\cdot2\cdot3\cdot\ldots\cdot n$		$\binom{n}{k}$	n über k (**Binomialkoeffizient**) $\binom{n}{k} = \dfrac{n!}{(n-k)!\cdot k!}$
$\displaystyle\sum_{k=0}^{n} a_k$	die **Summe** über alle a_k von $k = 0$ bis n $\displaystyle\sum_{k=0}^{n} a_k = a_0 + a_1 + a_2 + \ldots + a_n$		$\displaystyle\prod_{k=0}^{n} a_k$	das **Produkt** über alle a_k von $k = 0$ bis n $\displaystyle\prod_{k=0}^{n} a_k = a_0 \cdot a_1 \cdot a_2 \cdot \ldots \cdot a_n$

Mathematische Konstanten und verkürzende Schreibweisen

Mengenlehre

$\{\}$ oder $\varnothing$	die **leere Menge**		$\{a;b;c\}$	die **Menge mit den Elementen** a, b und c
$x \in A$	x ist **Element** der Menge A		$\{x \mid E\}$	die **Menge aller** x **mit der Eigenschaft** E
$\mathbb{N}$	die Menge der **natürlichen Zahlen** $\mathbb{N} = \{0;1;2;3;4;\ldots\}$		$\mathbb{Z}$	die Menge der **ganzen Zahlen** $\mathbb{Z} = \{\ldots;-2;-1;0;1;2;\ldots\}$
$\mathbb{N}^{*}$	die Menge der **natürlichen Zahlen ohne Null** $\mathbb{N}^{*} = \{1;2;3;4;5;\ldots\}$		$\mathbb{Z}^{*}$	die Menge der ganzen Zahlen **ohne Null**
$\mathbb{Q}$	die Menge der **rationalen Zahlen** $\mathbb{Q} = \left\{\frac{a}{b} \mid a \in \mathbb{Z} \text{ und } b \in \mathbb{N}^{*}\right\}$		$\mathbb{R}$	die Menge der **reellen Zahlen**
$\mathbb{Q}^{+}$	die Menge der **positiven rationalen Zahlen**		$\mathbb{R}^{+}$	die Menge der **positiven reellen Zahlen**
$\mathbb{Q}_0^{+}$	die Menge der **nicht negativen rationalen Zahlen**		$\mathbb{R}_0^{+}$	die Menge der **nicht negativen reellen Zahlen**
$\mathbb{R}\backslash\mathbb{Q}$	die Menge der **irrationalen Zahlen**		$\mathbb{R}\backslash\{0\}$	die Menge der **reellen Zahlen ohne Null**

Mengen und Zahlbereiche

Teilmengenbeziehungen zwischen den Zahlbereichen	$\mathbb{N} \subset \mathbb{Z} \subset \mathbb{Q} \subset \mathbb{R}$ 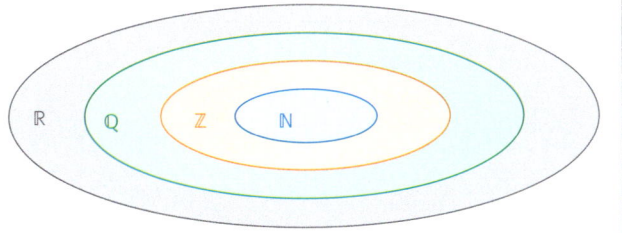

Intervalle

$a, b \in \mathbb{R}$

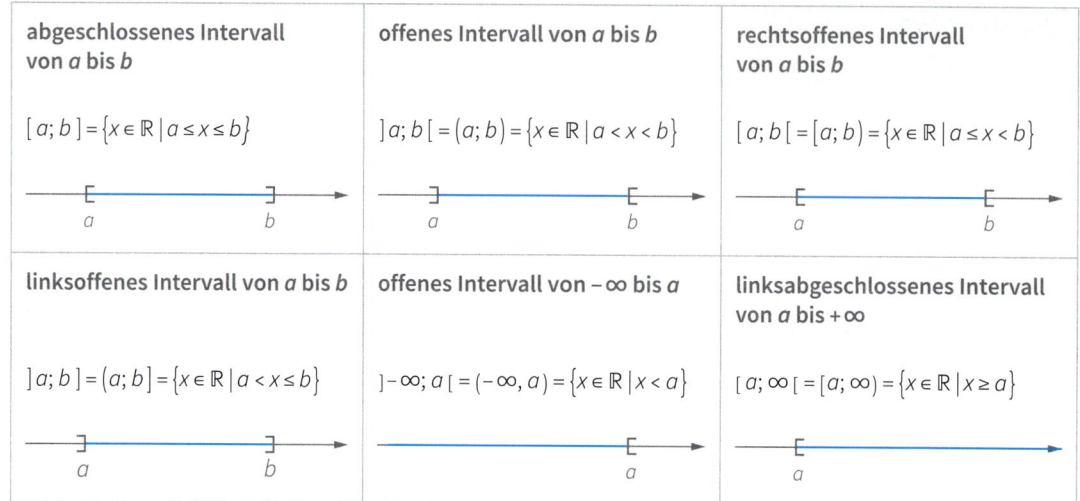

abgeschlossenes Intervall von a bis b	offenes Intervall von a bis b	rechtsoffenes Intervall von a bis b
$[a; b] = \{x \in \mathbb{R} \mid a \le x \le b\}$	$]a; b[= (a; b) = \{x \in \mathbb{R} \mid a < x < b\}$	$[a; b[= [a; b) = \{x \in \mathbb{R} \mid a \le x < b\}$
linksoffenes Intervall von a bis b	offenes Intervall von $-\infty$ bis a	linksabgeschlossenes Intervall von a bis $+\infty$
$]a; b] = (a; b] = \{x \in \mathbb{R} \mid a < x \le b\}$	$]-\infty; a[= (-\infty, a) = \{x \in \mathbb{R} \mid x < a\}$	$[a; \infty[= [a; \infty) = \{x \in \mathbb{R} \mid x \ge a\}$

Mengenver-knüpfungen

Die Elemente der Mengen A und B sind Elemente einer Grund-menge G

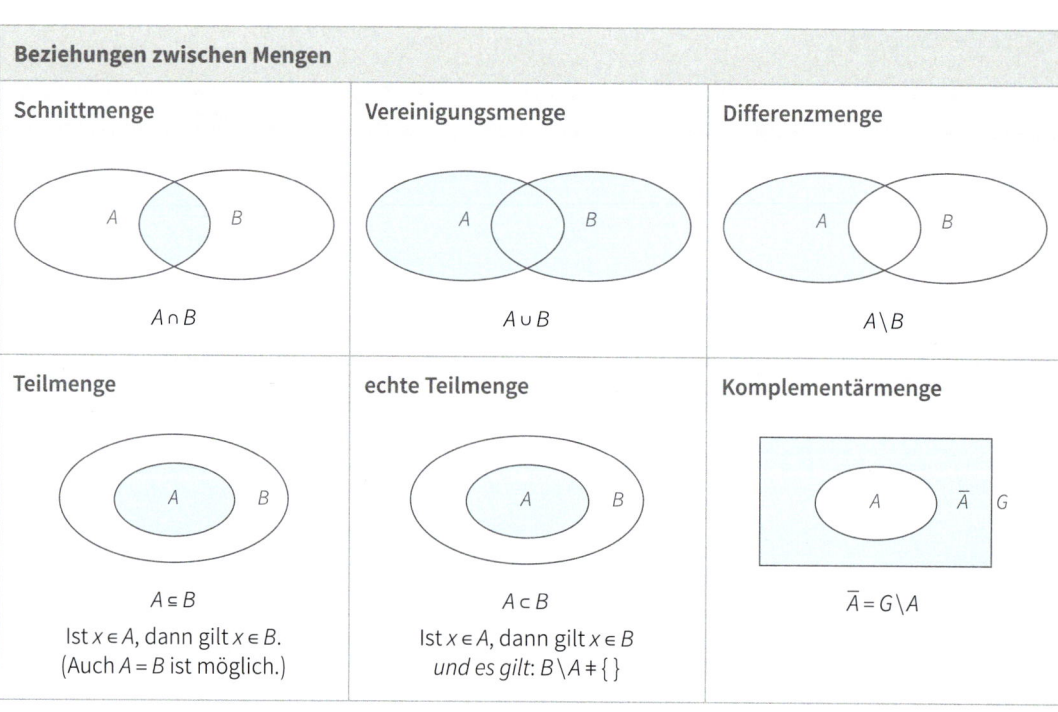

Beziehungen zwischen Mengen

Schnittmenge	Vereinigungsmenge	Differenzmenge
$A \cap B$	$A \cup B$	$A \setminus B$
Teilmenge	echte Teilmenge	Komplementärmenge
$A \subseteq B$	$A \subset B$	$\overline{A} = G \setminus A$
Ist $x \in A$, dann gilt $x \in B$. (Auch $A = B$ ist möglich.)	Ist $x \in A$, dann gilt $x \in B$ und es gilt: $B \setminus A \neq \{\}$	

Gesetze der Mengenlehre

Kommutativgesetze	$A \cap B = B \cap A$	$A \cup B = B \cup A$
Assoziativgesetze	$A \cap (B \cap C) = (A \cap B) \cap C$	$A \cup (B \cup C) = (A \cup B) \cup C$
Distributivgesetze	$A \cap (B \cup C) = (A \cap B) \cup (A \cap C)$	$A \cup (B \cap C) = (A \cup B) \cap (A \cup C)$
Gesetze von de Morgan	$\overline{A \cap B} = \overline{A} \cup \overline{B}$	$\overline{A \cup B} = \overline{A} \cap \overline{B}$

Rechenoperationen

Addition	$a + b$
	Summand Summand
	Summe

Subtraktion	$a - b$
	Minuend Subtrahend
	Differenz

Multiplikation	$a \cdot b$
	Faktor Faktor
	Produkt

Division	$a : b$ $(b \neq 0)$
	Dividend Divisor
	Quotient

Potenz	Exponent
	$a^n = a \cdot a \cdot \ldots \cdot a$
	Basis n-Faktoren

Rechenreihen-folge	1. Klammern
	2. Potenzen
	3. Punktrechnung
	4. Strichrechnung

Betrag einer Zahl	$\|a\| = \begin{cases} a, \text{ wenn } a \geq 0 \\ -a, \text{ wenn } a < 0 \end{cases}$

Gegenzahl	Gegenzahlen haben denselben Betrag und verschiedene Vorzeichen. 0 ist die Gegenzahl zu sich selbst.

Grundrechen-arten

$a, b, c, d \in \mathbb{R}$

$n \in \mathbb{N}$

Umkehroperationen

Addition und Subtraktion	Die Subtraktion ist gleich der Addition der *Gegenzahl*: $a - b = a + (-b)$
Multiplikation und Division	Die Division ist gleich der Multiplikation mit dem *Kehrwert*: $a : b = a \cdot \dfrac{1}{b}$ $(b \neq 0)$

↗ *Bruch-rechnung* S. 18

Rechengesetze

Dreiecks-ungleichung	$\|a + b\| \leq \|a\| + \|b\|$	$\|a + b\| \geq \|\|a\| - \|b\|\|$
Monotonie-gesetze	$a < b \Rightarrow a + c < b + c$	für $c > 0$ gilt: $a < b \Rightarrow a \cdot c < b \cdot c$ für $c < 0$ gilt: $a < b \Rightarrow a \cdot c > b \cdot c$
Kommutativ-gesetze	$a + b = b + a$	$a \cdot b = b \cdot a$
Assoziativgesetze	$a + (b + c) = (a + b) + c$	$a \cdot (b \cdot c) = (a \cdot b) \cdot c$
Distributiv-gesetze	$a \cdot (b + c) = a \cdot b + a \cdot c$ $(a + b) : c = a : c + b : c$ $(c \neq 0)$ *Sonderfall:* $-1 \cdot (b + c) = -(b + c) = -b - c$	b c $a \cdot b$ $a \cdot c$ a
Summen & Differenzen addieren und subtrahieren	$a + (b + c) = a + b + c$ $a + (b - c) = a + b - c$	$a - (b + c) = a - b - c$ $a - (b - c) = a - b + c$

Grundrechen-arten

$a, b, c, d \in \mathbb{R}$

Produkt von Summen, binomische Formeln		
Multiplikation von Summen	$(a+b)(c+d) = ac + ad + bc + bd$	
Binomische Formeln	$(a+b)^2 = a^2 + 2ab + b^2$ $(a-b)^2 = a^2 - 2ab + b^2$ $(a+b)(a-b) = a^2 - b^2$ $(a+b)^3 = a^3 + 3a^2b + 3ab^2 + b^3$ $(a-b)^3 = a^3 - 3a^2b + 3ab^2 - b^3$	

	a	b
c	ac	bc
d	ad	bd

Brüche

$a, b, c, d \in \mathbb{R}$

Bruch	Zähler $\longrightarrow$ $\dfrac{a}{b}$ $\qquad (b \neq 0)$ Nenner $\longrightarrow$	Kehrwert	$\dfrac{b}{a}$ heißt Kehrwert von $\dfrac{a}{b}$. $(a, b \neq 0)$
Erweitern	$\dfrac{a}{b} = \dfrac{a \cdot c}{b \cdot c} \quad (b, c \neq 0)$	Kürzen	$\dfrac{a}{b} = \dfrac{a : c}{b : c} \quad (b, c \neq 0)$
Addieren	Brüche mit gleichem Nenner: $\dfrac{a}{c} + \dfrac{b}{c} = \dfrac{a+b}{c} \quad (c \neq 0)$ Brüche mit verschiedenen Nennern: $\dfrac{a}{c} + \dfrac{b}{d} = \dfrac{ad}{cd} + \dfrac{bc}{cd} = \dfrac{ad+bc}{cd}$ $(c, d \neq 0)$	Subtrahieren	Brüche mit gleichem Nenner: $\dfrac{a}{c} - \dfrac{b}{c} = \dfrac{a-b}{c} \quad (c \neq 0)$ Brüche mit verschiedenen Nennern: $\dfrac{a}{c} - \dfrac{b}{d} = \dfrac{ad}{cd} - \dfrac{bc}{cd} = \dfrac{ad-bc}{cd}$ $(c, d \neq 0)$
Multiplizieren	mit einer natürlichen Zahl: $a \cdot \dfrac{b}{c} = \dfrac{a \cdot b}{c} = \dfrac{a}{c} \cdot b \quad (c \neq 0)$ mit einem Bruch: $\dfrac{a}{b} \cdot \dfrac{c}{d} = \dfrac{a \cdot c}{b \cdot d}$ $(b, d \neq 0)$	Dividieren	mit einer natürlichen Zahl: $\dfrac{a}{b} : c = \dfrac{a}{b \cdot c} \quad (b, c \neq 0)$ mit einem Bruch: $\dfrac{a}{b} : \dfrac{c}{d} = \dfrac{a}{b} \cdot \dfrac{d}{c} = \dfrac{a \cdot d}{b \cdot c}$ $(b, c, d \neq 0)$

Teilbarkeit

$a, b, n \in \mathbb{N}$

Teiler und Vielfache		
Vielfaches	a ist ein **Vielfaches** von b, wenn $a = n \cdot b$.	Teiler	Gilt $a = n \cdot b$, so ist b ein **Teiler** von a. Schreibweise: $b \mid a$
kleinstes gemeinsames Vielfaches (kgV)	Das **kleinste gemeinsame Vielfache (kgV)** zweier natürlicher Zahlen ist die kleinste natürliche Zahl, die sowohl Vielfaches der einen als auch Vielfaches der anderen Zahl ist.	größter gemeinsamer Teiler (ggT)	Der **größte gemeinsame Teiler (ggT)** zweier natürlicher Zahlen ist die größte natürliche Zahl, die sowohl Teiler der einen als auch Teiler der anderen Zahl ist.
Hauptnenner	Das kgV zweier Nenner von Brüchen bezeichnet man als **Hauptnenner**.	Primzahl	Eine natürliche Zahl, die genau zwei verschiedene Teiler hat, 1 und sich selbst, bezeichnet man als **Primzahl**.

Die ersten 48 Primzahlen

2	3	5	7	11	13	17	19	23	29	31	37
41	43	47	53	59	61	67	71	73	79	83	89
97	101	103	107	109	113	127	131	137	139	149	151
157	163	167	173	179	181	191	193	197	199	211	223

Teilbarkeit

$a \in \mathbb{N}$

Teilbarkeitsregeln

$2 \mid a$	$2 \mid a$, wenn a auf 0, 2, 4, 6 oder 8 endet, sonst nicht.	$8 \mid a$	$8 \mid a$, wenn die Zahl aus den letzten drei Ziffern von a ein Vielfaches von 8 ist, sonst nicht.
$3 \mid a$	$3 \mid a$, wenn die Quersumme (Summe aller Ziffern) von a ein Vielfaches von 3 ist, sonst nicht.	$9 \mid a$	$9 \mid a$, wenn die Quersumme (Summe aller Ziffern) von a ein Vielfaches von 9 ist, sonst nicht.
$4 \mid a$	$4 \mid a$, wenn die Zahl aus den letzten beiden Ziffern von a ein Vielfaches von 4 ist, sonst nicht.	$10 \mid a$	$10 \mid a$, wenn a auf 0 endet, sonst nicht.
$5 \mid a$	$5 \mid a$, wenn a auf 0 oder 5 endet, sonst nicht.	$100 \mid a$	$100 \mid a$, wenn a auf 00 endet, sonst nicht.
$6 \mid a$	$6 \mid a$, wenn sowohl 2 als auch 3 Teiler von a sind.	$1000 \mid a$	$1\,000 \mid a$, wenn a auf 000 endet, sonst nicht.

Potenzen und Wurzeln

$n \in \mathbb{N}^*$
$a \in \mathbb{R}$

Potenz

Exponent — a^n — Basis

$$a^n = \underbrace{a \cdot a \cdot \ldots \cdot a}_{n\text{-Faktoren}}$$

Wurzel

Wurzelexponent — $\sqrt[n]{a}$ — Radikand

$$\sqrt[n]{a} = b \;\Leftrightarrow\; b^n = a$$

mit $a, b > 0$; $n > 1$

Sonderfälle

$a^0 = 1$ (0^0 nicht definiert)

$a^1 = a$

$a^{-n} = \dfrac{1}{a^n}$ ($a \neq 0$)

Sonderfälle

$a > 0$
$n, m > 1$

$\sqrt[2]{a} = \sqrt{a}$

$\sqrt[n]{a^n} = a$

$a^{\frac{1}{n}} = \sqrt[n]{a}$

$a^{\frac{m}{n}} = \sqrt[n]{a^m} = \left(\sqrt[n]{a}\right)^m$

Potenzgesetze

$a, b \neq 0$

(1) $a^m \cdot a^n = a^{m+n}$

(2) $\dfrac{a^m}{a^n} = a^{m-n}$

(3) $a^n \cdot b^n = (a \cdot b)^n$

(4) $\dfrac{a^n}{b^n} = \left(\dfrac{a}{b}\right)^n$

(5) $(a^m)^n = a^{m \cdot n} = (a^n)^m$

Wurzelgesetze

$a, b > 0$
$m, n > 1$

(1) $\sqrt[m]{a} \cdot \sqrt[n]{a} = \sqrt[m \cdot n]{a^{m+n}}$

(2) $\dfrac{\sqrt[m]{a}}{\sqrt[n]{a}} = \sqrt[m \cdot n]{a^{n-m}}$

(3) $\sqrt[n]{a} \cdot \sqrt[n]{b} = \sqrt[n]{a \cdot b}$

(4) $\dfrac{\sqrt[n]{a}}{\sqrt[n]{b}} = \sqrt[n]{\dfrac{a}{b}}$

(5) $\sqrt[m]{\sqrt[n]{a}} = \sqrt[m \cdot n]{a} = \sqrt[n]{\sqrt[m]{a}}$

Logarithmus

$a, d \in \mathbb{R}^+\backslash\{1\}$

$b, c, y \in \mathbb{R}^+$

$x \in \mathbb{R}$

$n \in \mathbb{N}^*$

Definition	$\overset{\text{Numerus}}{\underset{\text{Basis}}{\log_a y}}$
	Der Logarithmus von y zur Basis a ist derjenige Exponent x, mit dem man a potenzieren muss, um y zu erhalten: $\log_a y = x \iff a^x = y$

Logarithmen-gesetze	(1) $\log_a(b \cdot c) = \log_a b + \log_a c$
	(2) $\log_a\left(\frac{b}{c}\right) = \log_a b - \log_a c$
	(3) $\log_a(b^r) = r \cdot \log_a b$
	Sonderfälle:
	$\log_a a = 1$
	$\log_a 1 = 0$
	$\log_a(a^x) = x$
	$\log_a\left(\frac{1}{c}\right) = -\log_a c$
	$\log_a\left(\sqrt[n]{b}\right) = \frac{1}{n} \cdot \log_a b$

Dekadischer Logarithmus (Zehner-logarithmus)	$\log_{10} y = \log y$ (auch $\lg y$) $\log y = x \iff 10^x = y$

Natürlicher Logarithmus (logarithmus naturalis)	$\log_e y = \ln y$ mit $e = 2{,}718\,28\ldots$ (Euler'sche Zahl) $\ln y = x \iff e^x = y$

Basiswechsel	Berechnung von beliebigen Logarithmen $\log_a y = \frac{\log_d y}{\log_d a}$
	Sonderfall: $\log_a y = \frac{1}{\log_y a}$
	Dekadischer Logarithmus: $\log_a y = \frac{\log y}{\log a}$
	Natürlicher Logarithmus: $\log_a y = \frac{\ln y}{\ln a}$

Gleichungen und Ungleichungen

Grundbegriffe

Variable	Eine **Variable** oder **Unbekannte** bezeichnet eine Leerstelle in einem mathematischen Ausdruck.
Parameter	Ein **Parameter** oder auch eine **Formvariable** ist eine Variable, die in einem gegebenen mathematischen Ausdruck als festgehaltene Größe aufgefasst wird.
Term	**Terme** sind Rechenausdrücke, die aus mindestens einer Zahl oder einer Variablen bestehen und durch Operationszeichen verbunden sein können.
Gleichung	Eine **Gleichung** besteht aus zwei Termen, die durch ein Gleichheitszeichen verbunden sind.
Ungleichung	Zwei Terme, die durch eines der Relationszeichen $<$, $>$, $\leq$ oder $\geq$ miteinander verbunden sind, heißen **Ungleichungen**.
Definitions-bereich D	Der **Definitionsbereich D** (die Definitionsmenge D) einer Gleichung oder Ungleichung mit einer Variablen gibt an, welche Zahlen für die Variable eingesetzt werden dürfen.
Lösungs-menge L	Eine Zahl aus der Definitionsmenge, die beim Einsetzen in die Gleichung eine wahre Aussage liefert, heißt **Lösung der Gleichung**. Die Menge aller Lösungen einer Gleichung heißt **Lösungsmenge L**.
Lösen von Gleichungen	Zum Lösen von Gleichungen kann man versuchen, die Variable durch geeignete **Äquivalenzumformungen** zu isolieren. Führen die Äquivalenzumformungen auf eine **wahre Aussage**, so gilt $L = D$. Führen die Äquivalenzumformungen auf eine **falsche Aussage**, hat die Gleichung keine Lösung. Es gilt $L = \{\,\}$ bzw. $L = \emptyset$.

Äquivalenzumformungen bei Gleichungen	
Seiten tauschen	$a = b \Leftrightarrow b = a$
Addieren/ Subtrahieren	$a = b \Leftrightarrow a + c = b + c$ $a = b \Leftrightarrow a - c = b - c$
Multiplizieren/ Dividieren	Für $c \neq 0$: $a = b \Leftrightarrow a \cdot c = b \cdot c$ $a = b \Leftrightarrow a : c = b : c$

Äquivalenzumformungen bei Ungleichungen	
Seiten tauschen	$a > b \Leftrightarrow b < a$
Addieren/ Subtrahieren	$a > b \Leftrightarrow a + c > b + c$ $a > b \Leftrightarrow a - c > b - c$
Multiplizieren/ Dividieren	Für $c > 0$: $a > b \Leftrightarrow a \cdot c > b \cdot c$ $a > b \Leftrightarrow a : c > b : c$ Für $c < 0$ (*Inversionsgesetz*): $a > b \Leftrightarrow a \cdot c < b \cdot c$ $a > b \Leftrightarrow a : c < b : c$

Äquivalenzumformungen

$c \in \mathbb{R}$

a, b: Terme

Lineare Gleichungen mit einer Variablen	Eine Gleichung mit einer Variablen x heißt **lineare Gleichung**, wenn sie durch Äquivalenzumformungen in die Form $$ax = b$$ gebracht werden kann. Für $a \neq 0$ lautet die Lösung der Gleichung $$x = \frac{b}{a}.$$	
Lineare Gleichungen mit zwei Variablen	Eine Gleichung mit 2 Variablen x und y heißt linear, wenn sie durch Äquivalenzumformungen in die Form $ax + by = c$ gebracht werden kann. Lösungen einer Gleichung mit 2 Variablen sind **Zahlenpaare $(x \mid y)$**. Die gesamte Lösungsmenge stellt im Koordinatensystem eine **Gerade** dar.	
Lineare Gleichungssysteme (LGS)	I $ax + by = c$ II $dx + ey = f$	Zwei lineare Gleichungen mit 2 Variablen stellen ein **lineares Gleichungssystem (LGS)** dar. Die Lösungsmenge des LGS enthält alle Zahlenpaare, die **beide** Gleichungen erfüllen.

Lineare Gleichungssysteme mit zwei Variablen

$a, b, c,$
 $d, e, f \in \mathbb{R}$: Parameter der Gleichung

$x, y \in \mathbb{R}$: Variablen der Gleichung

Grafisches Lösen linearer Gleichungssysteme mit zwei Gleichungen und zwei Variablen		
Jede Gleichung eines LGS beschreibt grafisch eine Gerade.		
Ein LGS hat genau eine Lösung $(x_s \mid y_s)$, wenn sich die entsprechenden Geraden im Punkt $S(x_s \mid y_s)$ schneiden.	Ein LGS hat keine Lösung, wenn die entsprechenden Geraden echt parallel verlaufen.	Ein LGS hat unendlich viele Lösungen, wenn die entsprechenden Geraden identisch sind.
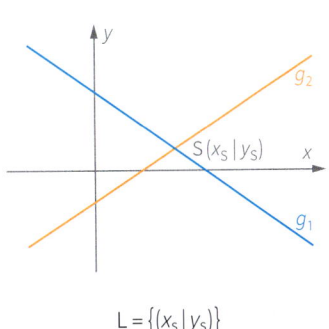	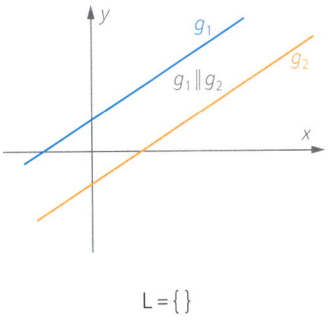	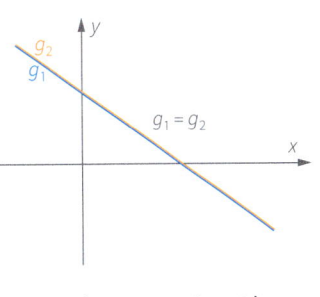
$L = \{(x_s \mid y_s)\}$	$L = \{\}$	$L = \left\{(x \mid y) \mid y = -\frac{a}{b}x + \frac{c}{b}\right\}$ bzw. $L = \left\{(x \mid y) \mid y = -\frac{d}{e}x + \frac{f}{e}\right\}$

Lineare Gleichungssysteme mit zwei Variablen

Rechnerische Lösungsverfahren zur Lösung linearer Gleichungssysteme		
Gleichsetzungsverfahren	**Einsetzungsverfahren**	**Additionsverfahren**
(1) beide Gleichungen nach derselben Variablen auflösen (2) entstandene Terme gleichsetzen	(1) eine Gleichung nach einer Variablen auflösen (2) entstandenen Term in die andere Gleichung einsetzen	(1) eine oder beide Gleichungen so multiplizieren, dass für eine Variable Term und Gegenterm auftreten (2) die Gleichungen addieren

Quadratische Gleichungen

$a \in \mathbb{R} \backslash \{0\}$

$b, c, p, q \in \mathbb{R}$

$x_1, x_2 \in \mathbb{R}$

↗ *quadratische Funktionen S. 27*

Eine Gleichung heißt **quadratische Gleichung**, wenn sie durch Äquivalenzumformungen in die Form $ax^2 + bx + c = 0 \ (a \neq 0)$ gebracht werden kann.

	Gleichung	Lösungen	Diskriminante
rein-quadratische Form	$a x^2 = c$	$x_{1,2} = \pm\sqrt{\dfrac{c}{a}}$	$D = \dfrac{c}{a}$
Normalform	$x^2 + px + q = 0$	pq-Formel: $x_{1,2} = -\dfrac{p}{2} \pm \sqrt{\left(\dfrac{p}{2}\right)^2 - q}$	$D = \left(\dfrac{p}{2}\right)^2 - q$
allgemeine Form	$ax^2 + bx + c = 0$	abc-Formel, Mitternachtsformel: $x_{1,2} = -\dfrac{b}{2a} \pm \sqrt{\dfrac{b^2 - 4ac}{4a^2}}$	$D = \dfrac{b^2 - 4ac}{4a^2}$
faktorisierte Form	$(x - x_1) \cdot (x - x_2) = 0$	$x = x_1$ und $x = x_2$	$D = \dfrac{(x_1 - x_2)^2}{4} > 0$
Anzahl der Lösungen	Die Anzahl der Lösungen hängt von der Diskriminante D ab: $D > 0$: zwei Lösungen $D = 0$: eine Lösung $D < 0$: keine Lösung		
Satz vom Nullprodukt	Wenn ein Produkt Null ist, dann ist mindestens ein Faktor Null.		
Satz des Vieta	x_1 und x_2 sind genau dann Lösungen der quadratischen Gleichung $x^2 + px + q = 0$, wenn gilt: (1) $x_1 + x_2 = -p$ Die quadratische Gleichung lässt sich dann in der Form (2) $x_1 \cdot x_2 = q$ $(x - x_1) \cdot (x - x_2) = 0$ darstellen.		

Exponential- und Potenzgleichungen

$a \in \mathbb{R}^+ \backslash \{1\}$

$b, c \in \mathbb{R}^+$

$n \in \mathbb{N}^*$

	Potenzgleichung	**Exponentialgleichung**
Definition	Eine Gleichung der Form $x^n = c$ heißt **Potenzgleichung**.	Eine Gleichung der Form $a^x = b$ heißt **Exponentialgleichung**.
Lösungen	n gerade, $c > 0$: $x^n = c$ hat zwei Lösungen $\qquad\qquad\qquad\quad x_{1,2} = \pm\sqrt[n]{c}$ n gerade, $c < 0$: $x^n = c$ hat keine Lösung n ungerade, $c > 0$: $x^n = c$ hat die Lösung $x = \sqrt[n]{c}$ n ungerade, $c < 0$: $x^n = c$ hat die Lösung $x = -\sqrt[n]{-c}$	$a^x = b$ hat die Lösung $x = \log_a b = \dfrac{\log b}{\log a} = \dfrac{\ln b}{\ln a}$

Prozent- und Zinsrechnung

Prozent	$p\% = \dfrac{p}{100}$	Promille	$p\text{‰} = \dfrac{p}{1000}$

Prozentrechnung

Begriffe	G: Grundwert (G entspricht 100%) $p\% = \dfrac{p}{100}$: Prozentsatz W: Prozentwert
Grundgleichung	$W = G \cdot \dfrac{p}{100}$ bzw. $W = G \cdot p\%$
Verhältnis- gleichung	$\dfrac{W}{p} = \dfrac{G}{100}$
Prozentuale Zu- und Abnahme	**Prozentuale Zunahme:** $W = G \cdot \left(1 + \dfrac{p}{100}\right) = G \cdot q$ **Prozentuale Abnahme:** $W = G \cdot \left(1 - \dfrac{p}{100}\right) = G \cdot q$ $q = 1 \pm \dfrac{p}{100}$ heißt Wachstums- faktor.

Zinsrechnung

Begriffe	K: Kapital (K entspricht 100%) $p\% = \dfrac{p}{100}$: Jahreszinssatz Z: Zinsen
Grundgleichung	**Zinsen für 1 Jahr:** $Z = K \cdot \dfrac{p}{100}$ bzw. $Z = K \cdot p\%$
Verhältnis- gleichung	$\dfrac{Z}{p} = \dfrac{K}{100}$
Monats- und Tageszinsen	Hinweis: Ein Jahr hat 360 Zinstage (12 Monate à 30 Tage). **Zinsen für m Monate:** $Z_m = K \cdot \dfrac{p}{100} \cdot \dfrac{m}{12}$ **Zinsen für t Tage:** $Z_t = K \cdot \dfrac{p}{100} \cdot \dfrac{t}{360}$

Zinseszinsen	**Kapital nach n Jahren** (Zinseszinsformel): $K_n = K_0 \cdot \left(1 + \dfrac{p}{100}\right)^n = K_0 \cdot q^n$ mit $q = 1 + \dfrac{p}{100}$ Zinsfaktor und $\dfrac{p}{100} = p\%$ Jahreszinssatz.

Ratensparen und Schuldentilgung
Es gilt: $q = 1 + \dfrac{p}{100}$ Zinsfaktor und $\dfrac{p}{100} = p\%$ Jahreszinssatz.

ohne Anfangskapital	Kapitalaufbau durch regelmäßige Einzahlung einer Rate R am Jahresan- fang: $K_n = R \cdot q \cdot \dfrac{q^n - 1}{q - 1}$ Kapitalaufbau durch regelmäßige Einzahlung einer Rate R am Jahresende: $K_n = R \cdot \dfrac{q^n - 1}{q - 1}$	mit Anfangskapital	Kapitalvermehrung durch regelmäßige Einzahlung einer Rate R am Jahresan- fang: $K_n = K_0 \cdot q^n + R \cdot q \cdot \dfrac{q^n - 1}{q - 1}$ Kapitalvermehrung durch regelmäßige Einzahlung einer Rate R am Jahresende: $K_n = K_0 \cdot q^n + R \cdot \dfrac{q^n - 1}{q - 1}$
Tilgungsrate	Durch regelmäßige Zahlung von Raten R jeweils am Jahresende soll ein Darlehen D getilgt werden. $R = D \cdot \dfrac{q^n \cdot (q - 1)}{q^n - 1}$		

Funktionen

Grund-
begriffe

Zuordnung	Eine **Zuordnung** ordnet jedem Element des **Definitionsbereichs** D einen oder mehrere Elemente des **Wertebereichs** W zu.
Funktion	Eine **Funktion** f ist eine *eindeutige Zuordnung*. Sie ordnet jedem Element (**Argument**) des Definitionsbereichs D_f genau ein Element (**Funktionswert**) des Wertebereichs W_f zu.
Darstellung von Funktionen	• Funktionsterm: $f(x)$ • Funktionsgleichung: $y = f(x)$ • Wertetabelle: Tabelle mit zwei Zeilen oder Spalten, in die die Argumente und die zugehörigen Funktionswerte eingetragen werden. • Funktionsgraph: Der Funktionsgraph G_f einer Funktion f besteht aus allen Punkten $P(x\,|\,f(x))$ mit $x \in D_f$.
Nullstellen	Die **Nullstellen** einer Funktion sind die Stellen (x-Koordinaten), an denen die Funktion die x-Achse schneidet. x_0 ist Nullstelle einer Funktion $f \Leftrightarrow f(x_0) = 0$.
Asymptote	Eine **Asymptote** ist eine Linie (häufig eine Gerade), der sich der Graph einer Funktion im Unendlichen immer weiter annähert.

Proportio-
nalität

$k, m \in \mathbb{R} \backslash \{0\}$

$n \in \mathbb{R}$

	Proportionalität *(direkte Proportionalität)*	**Antiproportionalität** *(indirekte Proportionalität, umgekehrte Proportionalität)*
Definition	Eine Zuordnung heißt *direkt proportional*, wenn das Verhältnis zusammengehöriger Werte x_i und y_i konstant ist (**Quotientengleichheit**): $$\frac{y_i}{x_i} = m \qquad (x_i \neq 0)$$ m: Proportionalitätsfaktor	Eine Zuordnung heißt *indirekt proportional*, wenn das Produkt zusammengehöriger Werte x_i und y_i konstant ist (**Produktgleichheit**): $$x_i \cdot y_i = k$$ k: Gesamtgröße
Eigenschaften	(1) Es gilt: $y_i = m \cdot x_i$ (2) Für alle Wertepaare $(x_i\,|\,y_i)$ und $(x_j\,|\,y_j)$ der Zuordnung gilt: $$\frac{y_i}{x_i} = \frac{y_j}{x_j}$$ (3) Zum n-fachen der Ausgangsgröße gehört das n-fache der zugeordneten Größe.	(1) Es gilt: $y_i = \frac{k}{x_i}$ (2) Für alle Wertepaare $(x_i\,|\,y_i)$ und $(x_j\,|\,y_j)$ der Zuordnung gilt: $$x_i \cdot y_i = x_j \cdot y_j$$ (3) Zum n-fachen der Ausgangsgröße gehört das $\frac{1}{n}$-fache der zugeordneten Größe ($n \neq 0$).
Grafische Darstellung	Ursprungsgerade	Hyperbel
Asymptoten	keine	x-Achse und y-Achse

↗ Potenz-
funktionen
S. 29

Modifikationen einer Ausgangsfunktion $f(x)$

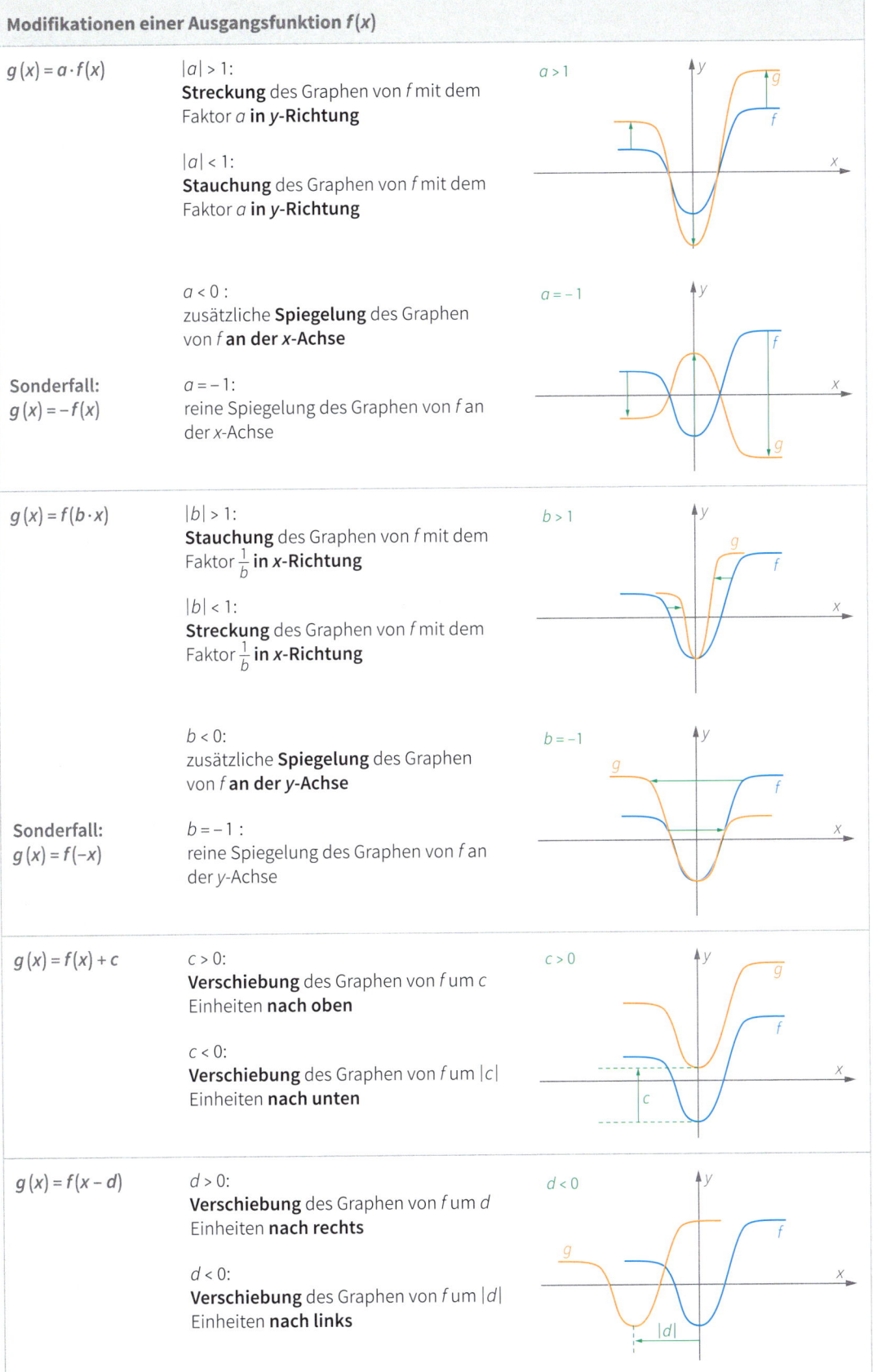

$g(x) = a \cdot f(x)$

$|a| > 1$:
Streckung des Graphen von f mit dem Faktor a **in y-Richtung**

$|a| < 1$:
Stauchung des Graphen von f mit dem Faktor a **in y-Richtung**

$a < 0$:
zusätzliche **Spiegelung** des Graphen von f **an der x-Achse**

Sonderfall:
$g(x) = -f(x)$

$a = -1$:
reine Spiegelung des Graphen von f an der x-Achse

$g(x) = f(b \cdot x)$

$|b| > 1$:
Stauchung des Graphen von f mit dem Faktor $\frac{1}{b}$ **in x-Richtung**

$|b| < 1$:
Streckung des Graphen von f mit dem Faktor $\frac{1}{b}$ **in x-Richtung**

$b < 0$:
zusätzliche **Spiegelung** des Graphen von f **an der y-Achse**

Sonderfall:
$g(x) = f(-x)$

$b = -1$:
reine Spiegelung des Graphen von f an der y-Achse

$g(x) = f(x) + c$

$c > 0$:
Verschiebung des Graphen von f um c Einheiten **nach oben**

$c < 0$:
Verschiebung des Graphen von f um $|c|$ Einheiten **nach unten**

$g(x) = f(x - d)$

$d > 0$:
Verschiebung des Graphen von f um d Einheiten **nach rechts**

$d < 0$:
Verschiebung des Graphen von f um $|d|$ Einheiten **nach links**

Einfluss von Parametern

$a, b \in \mathbb{R} \setminus \{0\}$

$c, d \in \mathbb{R}$

**Umkehr-
funktion**

Definition	Die **Umkehrfunktion** (auch *inverse Funktion*) einer Funktion f ist diejenige Funktion f^{-1}, die jedem Funktionswert $f(x) \in W_f$ sein Argument $x \in D_f$ zuordnet. Es gilt: $$f^{-1}(f(x)) = x \quad \text{und} \quad f(f^{-1}(x)) = x.$$	
Umkehrbarkeit	Eine Funktion f ist **umkehrbar** $\Leftrightarrow$ Zu jedem Funktionswert $f(x) \in W_f$ gehört genau ein Argument $x \in D_f$.	
**Definitions-
bereich**	$D_{f^{-1}} = W_f$	
Wertebereich	$W_{f^{-1}} = D_f$	
**Geometrische
Bedeutung**	Die **Graphen** von f und f^{-1} gehen jeweils durch **Spiegelung an der Winkel-
halbierenden** des I. und III. Quadranten ($y = x$) auseinander hervor.	

**Lineare
Funktionen**

$b, m \in \mathbb{R}$

$x_1, x_2 \in \mathbb{R}$

$y_1, y_2 \in \mathbb{R}$

↗ *Differenzen-
quotient*
S. 52

**Lineare
Funktionen**	$f(x) = mx + b$	
Bezeichnungen	m: Steigung (Änderungsrate)
b: y-Achsenabschnitt
α: Steigungswinkel	
Eigenschaften:		
Nullstelle	$x_0 = -\dfrac{b}{m}$ (für $m \neq 0$)	
Schnittpunkt mit der x-Achse	$S_x\left(-\dfrac{b}{m}\,\middle|\,0\right)$ (für $m \neq 0$)	
Schnittpunkt mit der y-Achse	$S_y(0\,|\,b)$	
Steigung (Änderungsrate)	$m = \dfrac{\Delta y}{\Delta x} = \dfrac{y_2 - y_1}{x_2 - x_1}$ für $x_2 \neq x_1$	
Graph der Funktion	Der Graph einer linearen Funktion ist eine Gerade.	
Monotonie	für $m > 0$: streng monoton wachsend
für $m < 0$: streng monoton fallend	
Steigungswinkel	$m = \tan \alpha$	

$m = \dfrac{\Delta y}{\Delta x}$

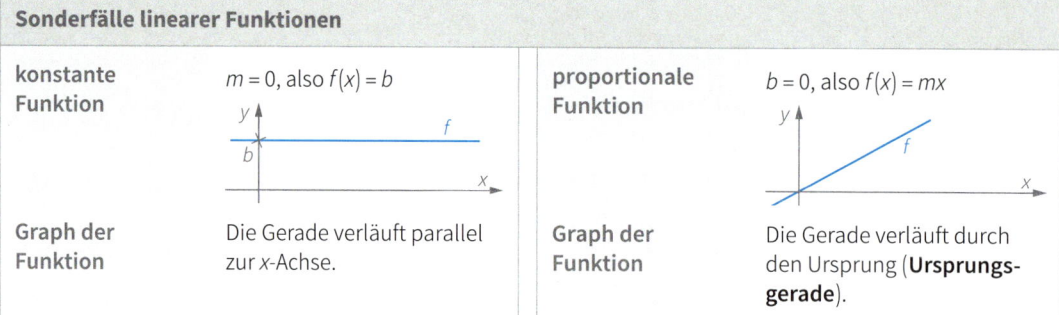

Sonderfälle linearer Funktionen		
**konstante
Funktion**	$m = 0$, also $f(x) = b$	
**Graph der
Funktion**	Die Gerade verläuft parallel zur x-Achse.	

| **proportionale
Funktion**	$b = 0$, also $f(x) = mx$
**Graph der
Funktion**	Die Gerade verläuft durch den Ursprung (**Ursprungs-
gerade**).

Lineare
Funktionen

$m_1, m_2 \in \mathbb{R}$

Parallele und senkrechte Geraden

Für Geraden g_1 und g_2 mit den Steigungen m_1 und m_2 gilt:

Senkrechte (orthogonale) Geraden	Parallele Geraden
$g_1 \perp g_2 \Leftrightarrow m_1 \cdot m_2 = -1$	$g_1 \parallel g_2 \Leftrightarrow m_1 = m_2$

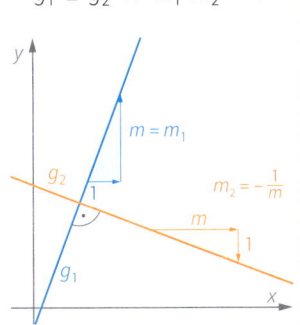
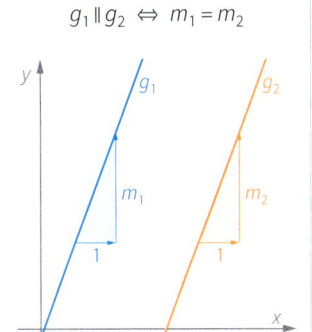

Formen der Geradengleichung

Hauptform der Geradengleichung: $y = mx + b$

$x_1, x_2 \in \mathbb{R},$

$x_1 \neq x_2$

$y_1, y_2 \in \mathbb{R}$

$a, b \in \mathbb{R} \setminus \{0\}$

Zwei-Punkte-Form	Punkt-Steigungs-Form	Achsenabschnittsform
$y = \frac{y_2 - y_1}{x_2 - x_1} \cdot (x - x_1) + y_1$	$y = m \cdot (x - x_1) + y_1$	$\frac{x}{a} + \frac{y}{b} = 1$

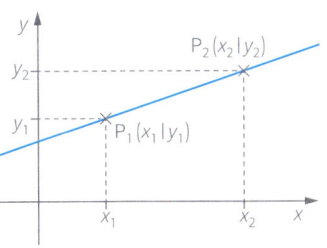
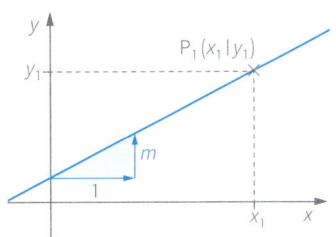
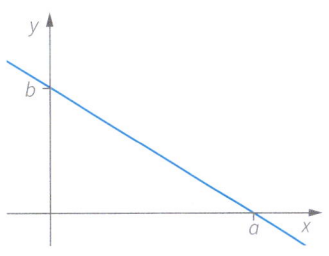

Quadratische Funktionen

$a \in \mathbb{R} \setminus \{0\}$

$b, c, d, e \in \mathbb{R}$

$x_1, x_2 \in \mathbb{R}$

↗ quadratische Gleichungen S. 22

Parabeln	Allgemeine Form $f(x) = ax^2 + bx + c$	Scheitelpunktform $f(x) = a(x - d)^2 + e$	Faktorisierte Form $f(x) = a(x - x_1)(x - x_2)$
Scheitelpunkt	$S\left(-\frac{b}{2a} \,\middle|\, \frac{4ac - b^2}{4a}\right)$	$S(d \mid e)$	$S\left(\frac{x_1 + x_2}{2} \,\middle|\, -\frac{a(x_1 - x_2)^2}{4}\right)$
Nullstellen	$x_{1,2} = -\frac{b}{2a} \pm \sqrt{\frac{b^2 - 4ac}{4a^2}}$	$x_{1,2} = d \pm \sqrt{-\frac{e}{a}}$	$x = x_1$ und $x = x_2$
Schnittpunkt mit der y-Achse	$S_y(0 \mid c)$	$S_y(0 \mid ad^2 + e)$	$S_y(0 \mid ax_1 x_2)$
Diskriminante D	$D = \frac{b^2 - 4ac}{4a^2}$	$D = -\frac{e}{a}$	$D = \frac{(x_1 - x_2)^2}{4} > 0$
Anzahl der Nullstellen	$D > 0$: zwei Nullstellen $D = 0$: eine (doppelte) Nullstelle. $D < 0$: keine Nullstelle		faktorisierte Form existiert nur, wenn es Nullstellen gibt.

Quadratische
Funktionen

Normalparabeln, verschobene Normalparabeln

Normalparabel	$f(x) = x^2$	
Scheitelpunkt	$S(0\|0)$	
Nullstelle	$x_0 = 0$	
Schnittpunkt mit der y-Achse	$S_y(0\|0)$	
Graph der Funktion	Normalparabel	

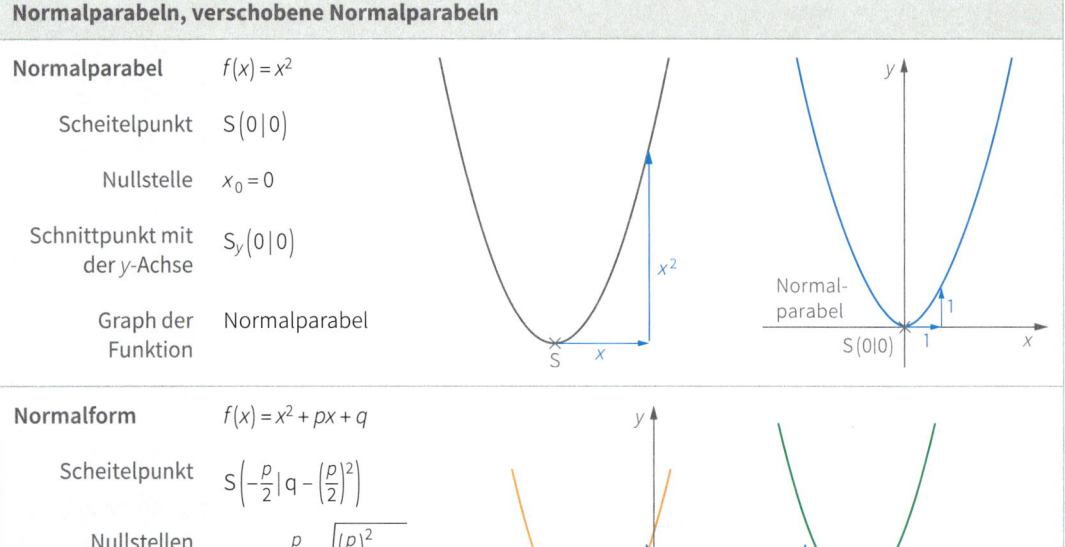

$p, q \in \mathbb{R}$

↗ quadratische
Gleichungen
S. 22

Normalform	$f(x) = x^2 + px + q$	
Scheitelpunkt	$S\left(-\dfrac{p}{2} \,\middle|\, q - \left(\dfrac{p}{2}\right)^2\right)$	
Nullstellen	$x_{1,2} = -\dfrac{p}{2} \pm \sqrt{\left(\dfrac{p}{2}\right)^2 - q}$	
Schnittpunkt mit der y-Achse	$S_y(0\|q)$	
Graph der Funktion	(verschobene) Normalparabel	

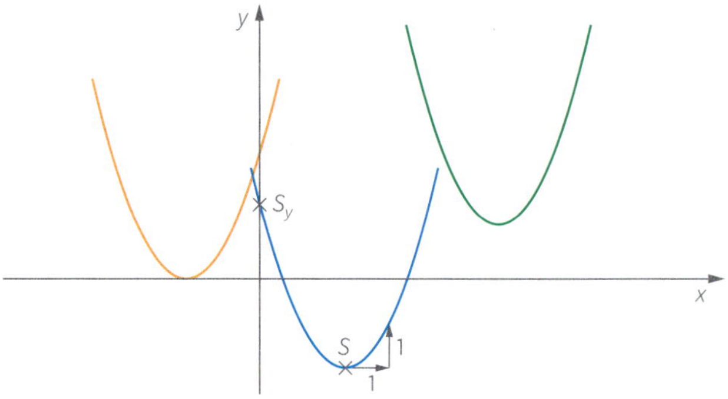

$a \in \mathbb{R} \backslash \{0\}$

Parabeln mit Streckfaktor

gestreckte und gestauchte Parabeln	$f(x) = ax^2$	
Scheitelpunkt	$S(0\|0)$	
Nullstelle	$x_0 = 0$	
Schnittpunkt mit der y-Achse	$S_y(0\|0)$	
Graph der Funktion	gestreckte oder gestauchte Parabel (in Richtung der y-Achse)	

Einfluss des Streckfaktors a

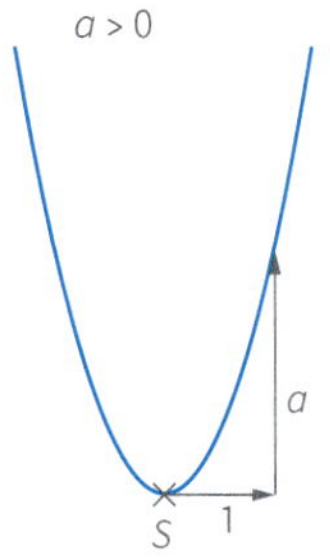

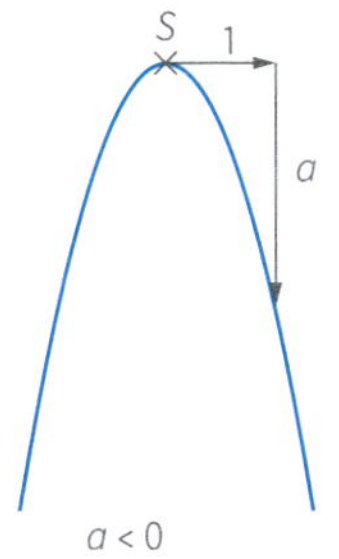

$a < 0$	
nach unten geöffnet	
$a < -1$	$-1 < a < 0$
gestreckt (enger als die Normalparabel)	gestaucht (weiter als die Normalparabel)

$a > 0$	
nach oben geöffnet	
$0 < a < 1$	$a > 1$
gestaucht (weiter als die Normalparabel)	gestreckt (enger als die Normalparabel)

Für $a = \pm 1$ ist der Graph eine Normalparabel.

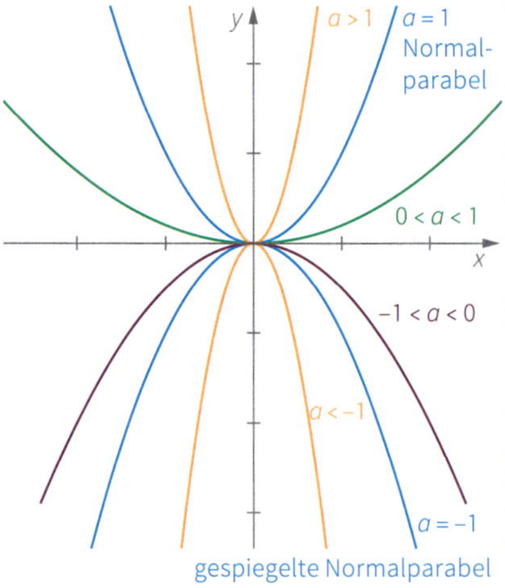

Quadratische Funktionen

$d, e \in \mathbb{R}$

Scheitelpunkt-form	$f(x) = a(x-d)^2 + e$
Scheitelpunkt	$S(d\,|\,e)$
Nullstellen	$x_{1,2} = d \pm \sqrt{-\dfrac{e}{a}}$
Schnittpunkt mit der y-Achse	$S_y(0\,|\,ad^2 + e)$
Graph der Funktion	verschobene Parabel
Einfluss der Parameter d und e	Verschiebung der Normalparabel um • d Einheiten parallel zur x-Achse • e Einheiten parallel zur y-Achse

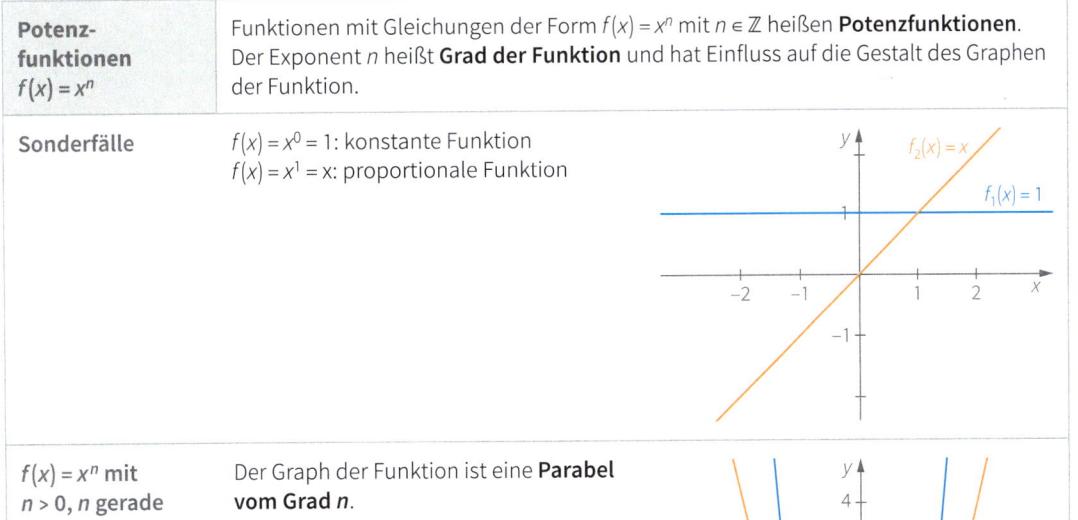

Einfluss des Streckfaktors a	$a < 0$		$a > 0$	
	nach unten geöffnet		nach oben geöffnet	
	$a < -1$	$-1 < a < 0$	$0 < a < 1$	$a > 1$
	gestreckt (enger als die Normalparabel)	gestaucht (weiter als die Normalparabel)	gestaucht (weiter als die Normalparabel)	gestreckt (enger als die Normalparabel)

Für $a = \pm 1$ hat der Graph die Gestalt der Normalparabel.

Potenz- und Wurzelfunktionen

$n \in \mathbb{Z}$

↗ proportionale/ konstante Funktionen S. 24

Potenz-funktionen $f(x) = x^n$	Funktionen mit Gleichungen der Form $f(x) = x^n$ mit $n \in \mathbb{Z}$ heißen **Potenzfunktionen**. Der Exponent n heißt **Grad der Funktion** und hat Einfluss auf die Gestalt des Graphen der Funktion.
Sonderfälle	$f(x) = x^0 = 1$: konstante Funktion $f(x) = x^1 = x$: proportionale Funktion

$f(x) = x^n$ mit $n > 0$, n gerade	Der Graph der Funktion ist eine **Parabel vom Grad n**.
Definitionsbereich	$D = \mathbb{R}$
Wertebereich	$W = \mathbb{R}_0^+$
Nullstelle	$x_0 = 0$
gemeinsame Punkte	$(-1\,|\,1)$, $(0\,|\,0)$, $(1\,|\,1)$
Symmetrie	achsensymmetrisch zur y-Achse

Potenz- und
Wurzelfunk-
tionen

$n \in \mathbb{Z}$

↗ proportionale/
konstante
Funktionen
S. 24

$f(x) = x^n$ mit $n > 0$, n ungerade	Der Graph der Funktion ist eine **Parabel vom Grad n**.
Definitionsbereich	$D = \mathbb{R}$
Wertebereich	$W = \mathbb{R}$
Nullstelle	$x_0 = 0$
gemeinsame Punkte	$(-1\,|\,-1), (0\,|\,0), (1\,|\,1)$
Symmetrie	punktsymmetrisch zum Ursprung

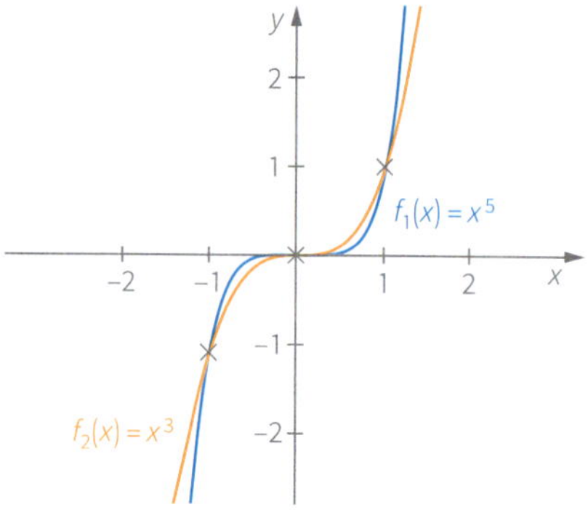

$f(x) = x^n$ mit $n < 0$, n gerade	Die Graphen nennt man auch **Hyperbeln vom Grad n**.
Definitionsbereich	$D = \mathbb{R} \backslash \{0\}$
Wertebereich	$W = \mathbb{R}^+$
Nullstelle	keine Nullstelle
gemeinsame Punkte	$(-1\,|\,1), (1\,|\,1)$
Asymptote	x-Achse und y-Achse
Symmetrie	achsensymmetrisch zur y-Achse

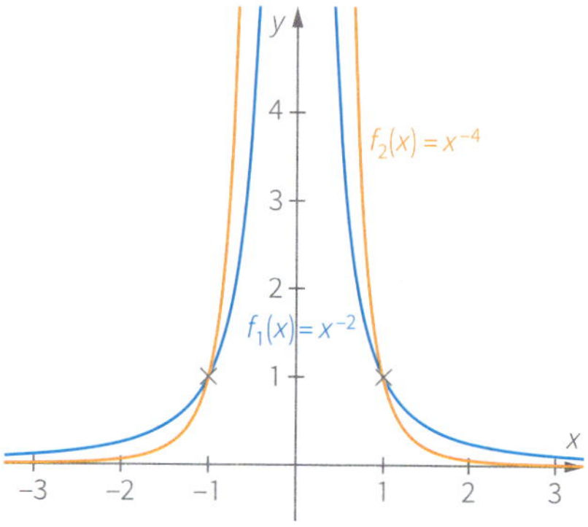

$f(x) = x^n$ mit $n < 0$, n ungerade	Die Graphen nennt man auch **Hyperbeln vom Grad n**.
Definitionsbereich	$D = \mathbb{R} \backslash \{0\}$
Wertebereich	$W = \mathbb{R} \backslash \{0\}$
Nullstelle	keine Nullstelle
gemeinsame Punkte	$(-1\,|\,-1), (1\,|\,1)$
Asymptote	x-Achse und y-Achse
Symmetrie	punktsymmetrisch zum Ursprung

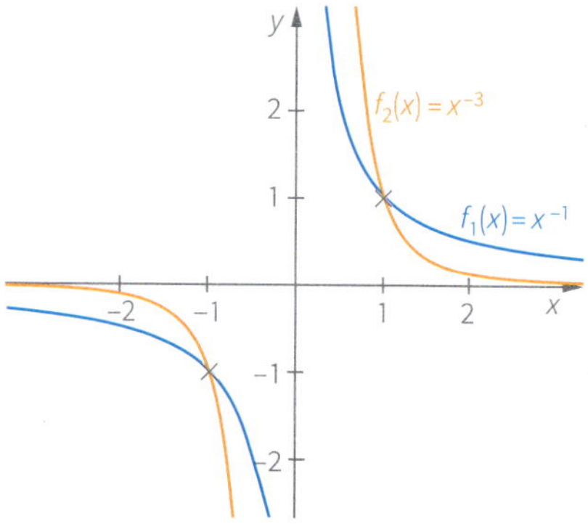

$n \in \mathbb{N} \backslash \{0; 1\}$

↗ Umkehr-
funktion
S. 26

Wurzel-funktionen $f(x) = \sqrt[n]{x}$	Funktionen mit Gleichungen der Form $f(x) = \sqrt[n]{x}$ mit $n \in \mathbb{N} \backslash \{0; 1\}$, heißen *Wurzelfunktionen*.
Definitionsbereich	$D = \mathbb{R}_0^+$
Wertebereich	$W = \mathbb{R}_0^+$
Nullstelle	$x_0 = 0$
gemeinsame Punkte	$(0\,|\,0), (1\,|\,1)$

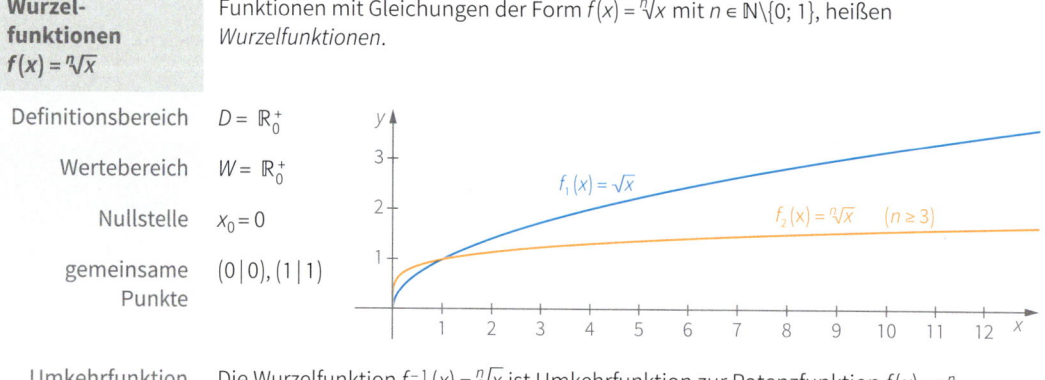

Umkehrfunktion	Die Wurzelfunktion $f^{-1}(x) = \sqrt[n]{x}$ ist Umkehrfunktion zur Potenzfunktion $f(x) = x^n$.

Exponential-funktionen $f(x) = a^x$	Funktionen mit Gleichungen der Form $f(x) = a^x$ mit $a > 0$ und $a \neq 1$ heißen *Exponentialfunktionen*.
Definitionsbereich	$D = \mathbb{R}$
Wertebereich	$W = \mathbb{R}^+$
Nullstelle	keine Nullstelle
gemeinsamer Punkt	$(0\,|\,1)$
markanter Punkt	$(1\,|\,a)$
Asymptote	x-Achse
Einfluss des Parameters a (Monotonie)	für $a > 1$: streng monoton wachsend für $0 < a < 1$: streng monoton fallend Mit zunehmender Entfernung des Wertes a von 1 verläuft der Graph immer steiler.

Exponential- und Logarithmus-funktionen

$a \in \mathbb{R}^+\backslash\{1\}$

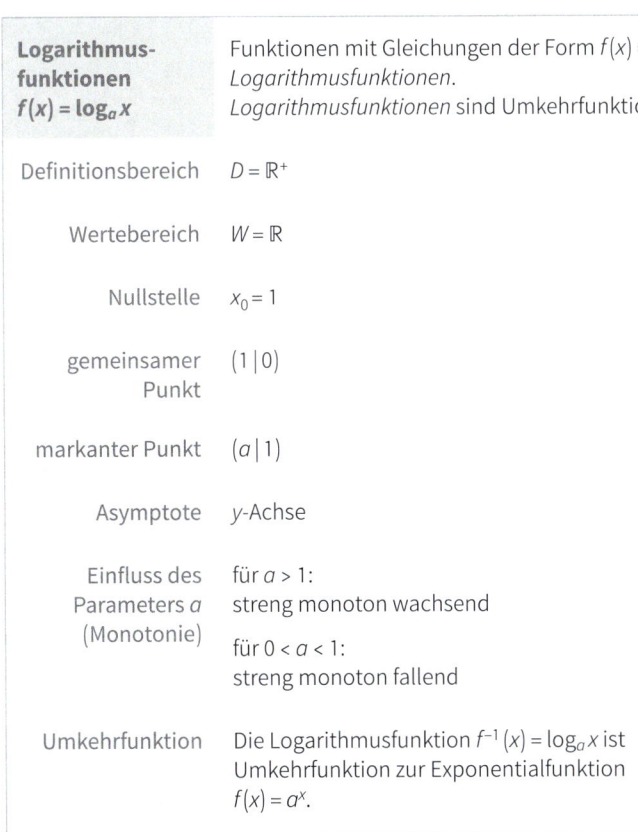

Logarithmus-funktionen $f(x) = \log_a x$	Funktionen mit Gleichungen der Form $f(x) = \log_a(x)$ mit $a > 0$ und $a \neq 1$ heißen *Logarithmusfunktionen*. *Logarithmusfunktionen* sind Umkehrfunktionen von *Exponentialfunktionen*.
Definitionsbereich	$D = \mathbb{R}^+$
Wertebereich	$W = \mathbb{R}$
Nullstelle	$x_0 = 1$
gemeinsamer Punkt	$(1\,|\,0)$
markanter Punkt	$(a\,|\,1)$
Asymptote	y-Achse
Einfluss des Parameters a (Monotonie)	für $a > 1$: streng monoton wachsend für $0 < a < 1$: streng monoton fallend
Umkehrfunktion	Die Logarithmusfunktion $f^{-1}(x) = \log_a x$ ist Umkehrfunktion zur Exponentialfunktion $f(x) = a^x$.

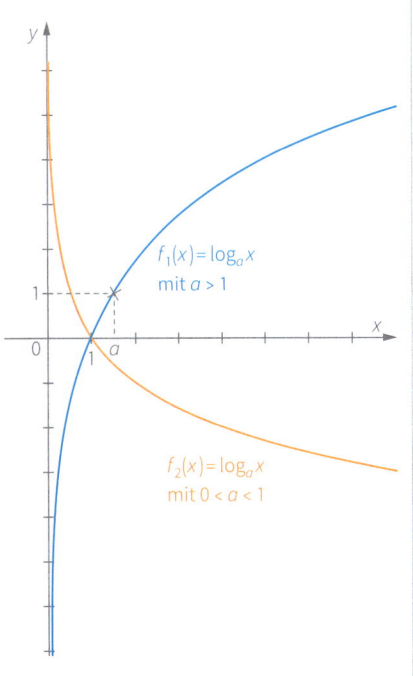

**Wachstums-
prozesse**

↗ lineare
Funktionen
S. 26

Lineares Wachstum	*Lineares Wachstum* liegt vor, wenn die Veränderung durch eine Funktion der Art $f(x) = mx + b$ mit $m \neq 0$ beschrieben werden kann.
Beschreibung	In gleichen Abständen der Größe x (z. B. der Zeit) erhöht bzw. vermindert sich die zugeordnete Größe $f(x)$ jeweils um den gleichen **Wachstumssummanden**. Die Änderung ist konstant.
Zunahme/ Abnahme	$m > 0$: lineare Zunahme $m < 0$: lineare Abnahme
Anfangswert	b
Graph der Funktion	Gerade

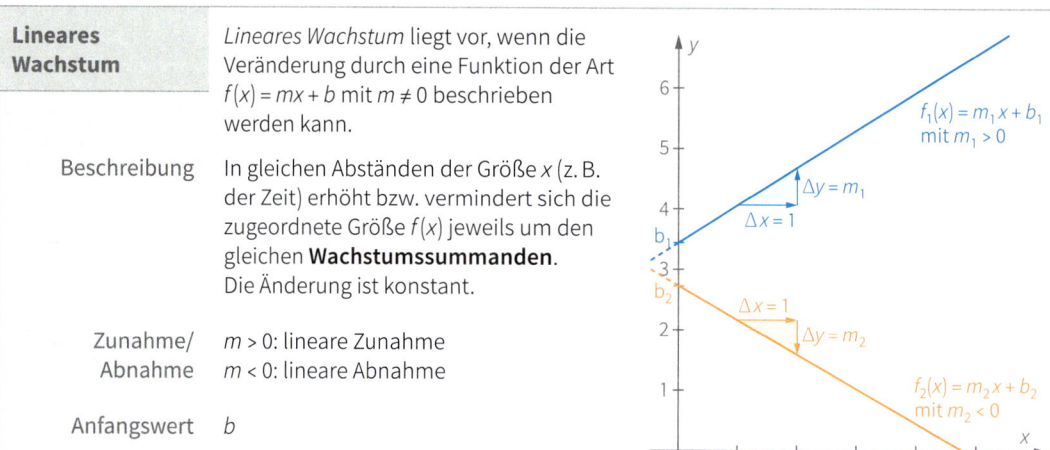

↗ quadratische
Funktionen
S. 27

Quadratisches Wachstum	Quadratisches Wachstum liegt vor, wenn die Veränderung durch eine Funktion der Art $f(x) = ax^2 + c$ mit $a \neq 0$ für $x \geq 0$ beschrieben werden kann.
Beschreibung	Die Änderung ist nicht konstant. In gleichen Abständen der Größe x (z. B. der Zeit) erhöht bzw. vermindert sich die Änderung (Steigung) der zugeordneten Größe $f(x)$ jeweils um den gleichen Wachstumssummanden.
Zunahme/ Abnahme	$a > 0$: quadratische Zunahme $a < 0$: quadratische Abnahme
Anfangswert	c
Graph der Funktion	Parabel

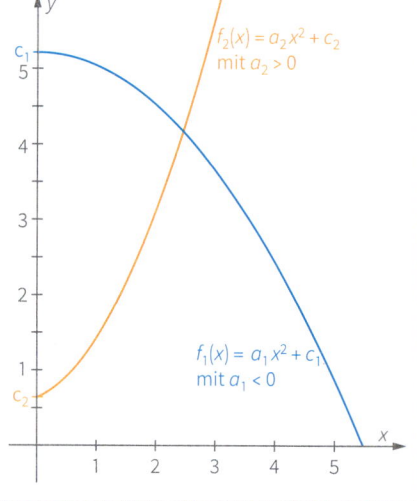

↗ Exponential-
funktionen
S. 31

Exponentielles Wachstum	Exponentielles Wachstum liegt vor, wenn die Veränderung durch eine Funktion der Art $f(x) = a \cdot q^x$ mit $a \neq 0$ und $q > 0$ beschrieben werden kann.
Beschreibung	In gleichen Abständen der Größe x (z. B. der Zeit) wird die zugeordnete Größe $f(x)$ jeweils mit dem gleichen **Wachstumsfaktor** multipliziert.
Zunahme/ Abnahme	$q > 1$: exponentielles Wachstum $0 < q < 1$: exponentieller Zerfall
Anfangswert	a
Asymptote	x-Achse

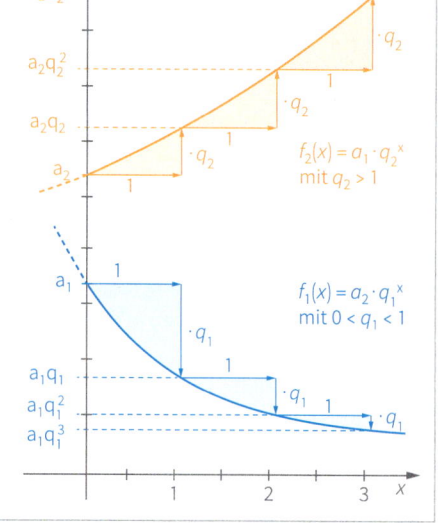

Trigonometrische Funktionen

Einheitskreis	Radius $r = 1$ Mittelpunkt $M(0\,|\,0)$		
Definitionen	**Sinus von α** $\sin\alpha$: y-Koordinate von P	**Kosinus von α** $\cos\alpha$: x-Koordinate von P	**Tangens von α** $\tan\alpha$: y-Koordinate von T

$P(\cos(\alpha)\,|\,\sin(\alpha))$
$T(1\,|\,\tan(\alpha))$

Zusammenhänge

Quadrantenbeziehungen

$$\sin(90° + \alpha) = \sin(90° - \alpha)$$
$$\sin\alpha = \sin(180° - \alpha)$$
$$\cos\alpha = \sin(90° - \alpha)$$

Weitere Beziehungen

$$\sin^2\alpha + \cos^2\alpha = 1$$
$$\tan\alpha = \frac{\sin\alpha}{\cos\alpha}$$

Bogenmaß

Definition

α: Gradmaß
b_α: Bogenmaß

Es gilt:
$$\frac{b_\alpha}{2\pi} = \frac{\alpha}{360°}$$

Zusammenhang Bogenmaß und Gradmaß

Gradmaß und Bogenmaß verhalten sich proportional zueinander:

α	45°	90°	180°	270°	360°
b_α	$\frac{\pi}{4}$	$\frac{\pi}{2}$	π	$\frac{3\pi}{2}$	2π

Additions-theoreme	$\sin(\alpha \pm \beta) = \sin\alpha\cos\beta \pm \cos\alpha\sin\beta$ $\cos(\alpha \pm \beta) = \cos\alpha\cos\beta \mp \sin\alpha\sin\beta$	$\tan(\alpha \pm \beta) = \dfrac{\tan\alpha \pm \tan\beta}{1 \mp \tan\alpha\tan\beta}$
Summen und Differenzen	$\sin\alpha + \sin\beta = 2\sin\left(\dfrac{\alpha+\beta}{2}\right)\cos\left(\dfrac{\alpha-\beta}{2}\right)$ $\sin\alpha - \sin\beta = 2\cos\left(\dfrac{\alpha+\beta}{2}\right)\sin\left(\dfrac{\alpha-\beta}{2}\right)$	$\cos\alpha + \cos\beta = 2\cos\left(\dfrac{\alpha+\beta}{2}\right)\cos\left(\dfrac{\alpha-\beta}{2}\right)$ $\cos\alpha - \cos\beta = -2\sin\left(\dfrac{\alpha+\beta}{2}\right)\sin\left(\dfrac{\alpha-\beta}{2}\right)$
Doppeltes und halbiertes Argument	$\sin(2\alpha) = 2\sin\alpha\cos\alpha$ $\cos(2\alpha) = \cos^2\alpha - \sin^2\alpha$ $\tan(2\alpha) = \dfrac{2\tan\alpha}{1 - \tan^2\alpha} \quad (\tan^2\alpha \neq 1)$	$\sin\left(\dfrac{\alpha}{2}\right) = \pm\sqrt{\dfrac{1 - \cos\alpha}{2}}$ $\cos\left(\dfrac{\alpha}{2}\right) = \pm\sqrt{\dfrac{1 + \cos\alpha}{2}}$ $\tan\left(\dfrac{\alpha}{2}\right) = \pm\sqrt{\dfrac{1 - \cos\alpha}{1 + \cos\alpha}} = = \pm\dfrac{\sin\alpha}{1 + \cos\alpha}$

Sinus, Kosinus und Tangens im Einheitskreis

t ist Tangente an den Kreis im Punkt $P(1\,|\,0)$.

↗ sin, cos, tan im Dreieck S. 42

**Winkel-
funktionen**

Sinusfunktion $f(x) = \sin(x)$

Definitionsbereich $D = \mathbb{R}$

Wertebereich $W = [-1; 1]$

Nullstellen $x_0 = k \cdot 180°$
bzw. $x_0 = k\pi$
für $k \in \mathbb{Z}$

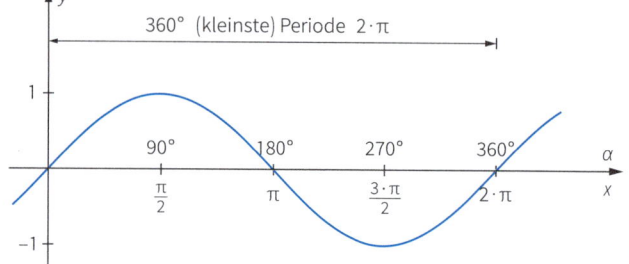

Periodenlänge $360°$ bzw. 2π
$\sin(x) = \sin(x + k \cdot 360°)$ bzw. $\sin(x) = \sin(x + k \cdot 2\pi)$ für $k \in \mathbb{Z}$

Symmetrie   punktsymmetrisch zum Ursprung
$\sin(-x) = -\sin(x)$

Kosinusfunktion $f(x) = \cos(x)$

Definitionsbereich $D = \mathbb{R}$

Wertebereich $W = [-1; 1]$

Nullstellen $x_0 = 90° + k \cdot 180°$
bzw. $x_0 = \dfrac{\pi}{2} + k\pi$
für $k \in \mathbb{Z}$

Periodenlänge $360°$ bzw. 2π
$\cos(x) = \cos(x + k \cdot 360°)$ bzw. $\cos(x) = \cos(x + k \cdot 2\pi)$ für $k \in \mathbb{Z}$

Symmetrie   achsensymmetrisch zur y-Achse
$\cos(-x) = \cos(x)$

Tangensfunktion $f(x) = \tan(x)$

Definitionsbereich $D = \mathbb{R} \setminus \left\{ (2k+1) \cdot \dfrac{\pi}{2} \right\}$
für $k \in \mathbb{Z}$

Wertebereich $W = \mathbb{R}$

Nullstellen $x_0 = k \cdot 180°$
bzw. $x_0 = k\pi$
für $k \in \mathbb{Z}$

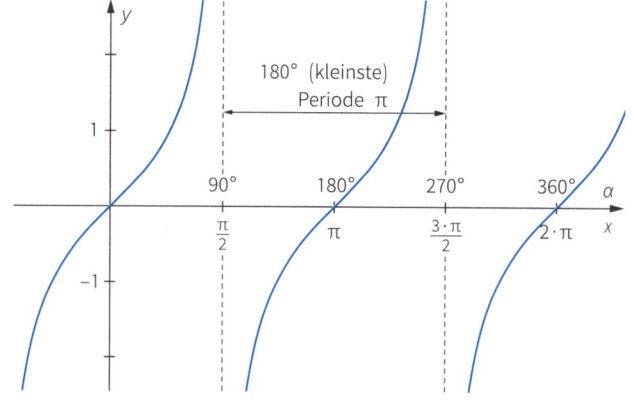

Periodenlänge $180°$ bzw. π
$\tan(x) = \tan(x + k \cdot 180°)$ bzw. $\tan(x) = \tan(x + k \cdot \pi)$ für $k \in \mathbb{Z}$

Symmetrie   punktsymmetrisch zum Ursprung
$\tan(-x) = -\tan(x)$

Spezielle Funktionswerte der Winkelfunktionen

Spezielle Werte der Winkelfunktionen									
x	0°	30°	45°	60°	90°	120°	135°	150°	180°
	0	$\frac{\pi}{6}$	$\frac{\pi}{4}$	$\frac{\pi}{3}$	$\frac{\pi}{2}$	$\frac{2}{3}\pi$	$\frac{3}{4}\pi$	$\frac{5}{6}\pi$	π
$\sin(x)$	0	$\frac{1}{2}$	$\frac{1}{2}\cdot\sqrt{2}$	$\frac{1}{2}\cdot\sqrt{3}$	1	$\frac{1}{2}\cdot\sqrt{3}$	$\frac{1}{2}\cdot\sqrt{2}$	$\frac{1}{2}$	0
$\cos(x)$	1	$\frac{1}{2}\cdot\sqrt{3}$	$\frac{1}{2}\cdot\sqrt{2}$	$\frac{1}{2}$	0	$-\frac{1}{2}$	$-\frac{1}{2}\cdot\sqrt{2}$	$-\frac{1}{2}\cdot\sqrt{3}$	-1
$\tan(x)$	0	$\frac{1}{3}\cdot\sqrt{3}$	1	$\sqrt{3}$	—	$-\sqrt{3}$	-1	$-\frac{1}{3}\cdot\sqrt{3}$	0

Allgemeine Sinusfunktion

$$f(x) = a\cdot\sin\big(b\cdot(x-c)\big)+d \qquad a\text{: Amplitude} \qquad b\text{: Frequenz} \qquad c\text{: Phase}$$

Einflüsse der Parameter

Amplitudenänderung

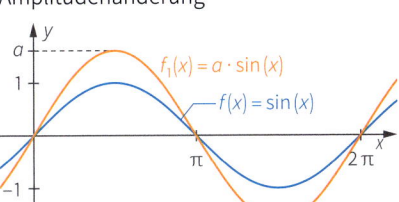

Periodenänderung

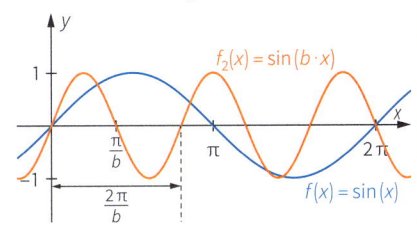

Phasenänderung
(Verschiebung in x-Richtung)

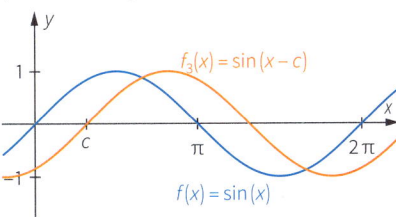

Verschiebung in y-Richtung

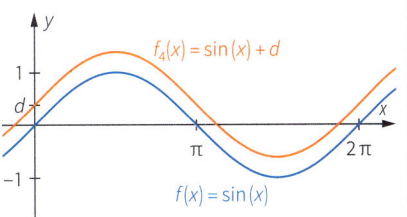

Allgemeine Kosinusfunktion

$$f(x) = a\cdot\cos\big(b\cdot(x-c)\big)+d$$

Die Einflüsse der Parameter auf die Kosinusfunktion erfolgen analog zur Sinusfunktion.

Umkehrfunktionen der Winkelfunktionen

Arkussinus

$f^{-1}(x) = \arcsin(x)$ ist Umkehrfunktion zu $f(x) = \sin(x)$.

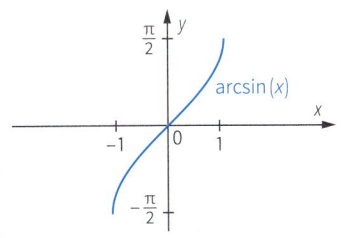

Ist $\sin(\alpha) = x$,
so folgt $\alpha = \arcsin(x)$

Arkuskosinus

$f^{-1}(x) = \arccos(x)$ ist Umkehrfunktion zu $f(x) = \cos(x)$.

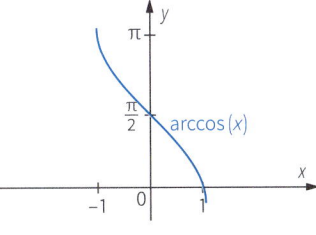

Ist $\cos(\alpha) = x$,
so folgt $\alpha = \arccos(x)$

Arkustangens

$f^{-1}(x) = \arctan(x)$ ist Umkehrfunktion zu $f(x) = \tan(x)$.

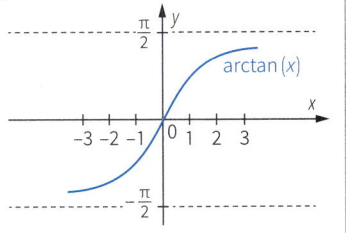

Ist $\tan(\alpha) = x$,
so folgt $\alpha = \arctan(x)$

Geometrie

Grundbegriffe

A, B, P, Q:
Punkte

a, b, c:
Geraden

g, h: Geraden

↗ *Abstände
in der analyt.
Geometrie
S. 72*

Strecke	gerade Linie mit einem Anfangspunkt und einem Endpunkt	**senkrecht und parallel**	Zwei Geraden a und c sind **senkrecht** zueinander, wenn sie einen rechten Winkel einschließen ($a \perp c$). Zwei Geraden a und b sind **parallel** zueinander, wenn sie beide senkrecht zu einer Geraden c sind ($a \parallel b$).
Gerade	gerade Linie, die in beide Richtungen unbegrenzt ist		
Strahl Halbgerade	gerade Linie, die von einem Anfangspunkt ausgeht, aber keinen Endpunkt hat	**Abstand Punkt – Punkt**	Der Abstand zweier Punkte P und Q ist die Länge der Strecke $\overline{PQ}$. 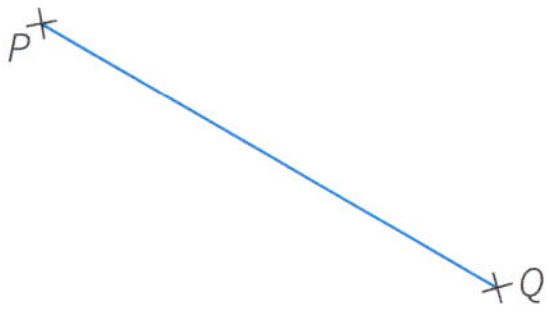
Abstand Punkt – Gerade	Der Abstand des Punktes P von der Geraden g ist die Länge der Strecke $\overline{PQ}$ auf dem **Lot** von P auf g (der Senkrechten zu g durch P).	**Abstand Gerade – parallele Gerade**	Der Abstand zweier paralleler Geraden g und h ist der Abstand eines beliebigen Punktes P von g zu h. 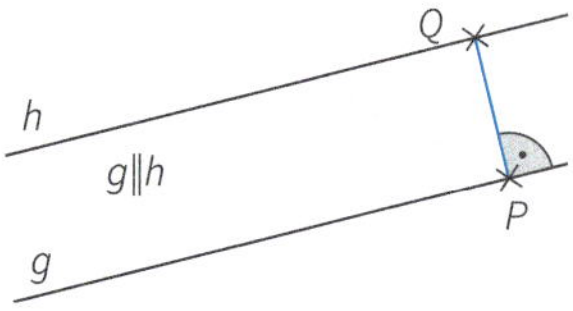

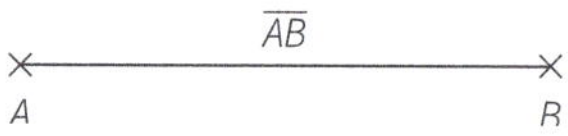

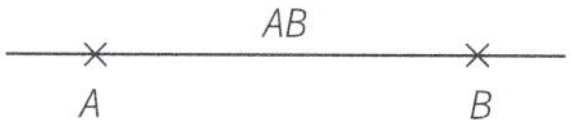

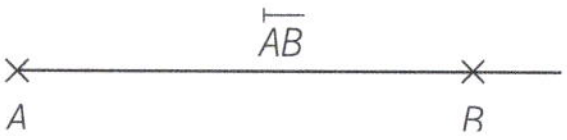

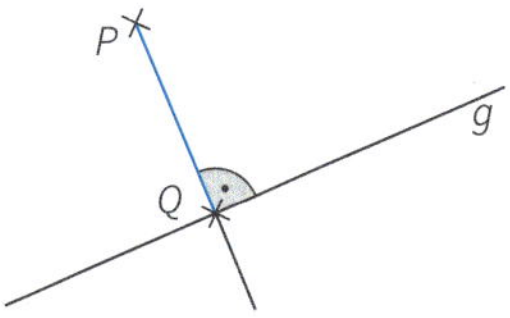

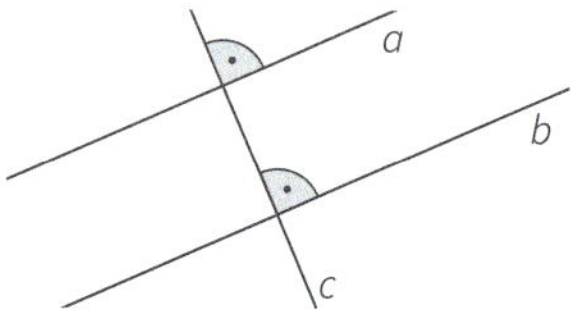

Begriffe am Kreis	M: Mittelpunkt r: Radius d: Durchmesser $d = 2r$
Passante p	p schneidet den Kreis nicht.
Sekante s	s schneidet den Kreis in zwei Punkten A und B.
Sehne	Die Strecke $\overline{AB}$ heißt Sehne.
Tangente t	t berührt den Kreis in einem Punkt B. $t \perp \overline{MB}$

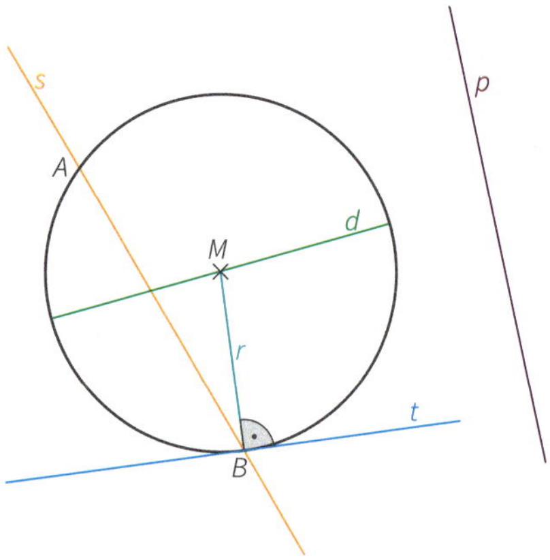

x-Achse	auch *Abzissenachse* oder *Rechtsachse*	
y-Achse	auch *Ordinatenachse* oder *Hochachse*	
Koordinaten eines Punktes	$P(x_\text{P} \mid y_\text{P})$ *x*-Koordinate des Punktes *P* ⎤ ⎣ *y*-Koordinate des Punktes *P*	
Ursprung	$O(0\mid 0)$ auch *Nullpunkt*	
Quadranten	Das Koordinatensystem ist in vier Quadranten I, II, III und IV unterteilt.	

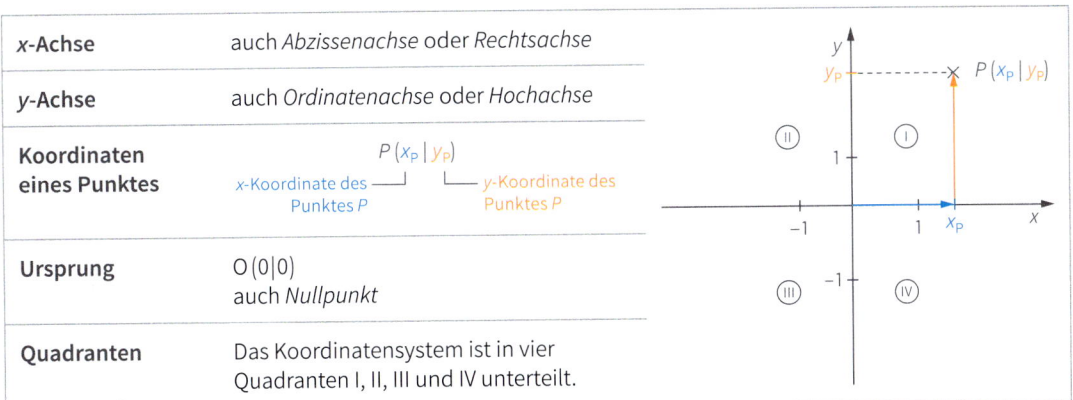

Koordinatensystem

↗ *kartesisches Koordinatensystem* S. 63

Winkel

Orientierung eines Winkels	im mathematisch positiven Drehsinn, d. h. gegen den Uhrzeigersinn.
Bezeichnung eines Winkels	• mit griechischen Kleinbuchstaben, z. B. $\alpha, \beta, \gamma, \delta, \varepsilon, \ldots$ • durch die beiden Schenkel, z. B. $\sphericalangle(g\mid h)$ • durch den Scheitelpunkt und je einen Punkt auf den Schenkeln, z. B. $\sphericalangle ASB$

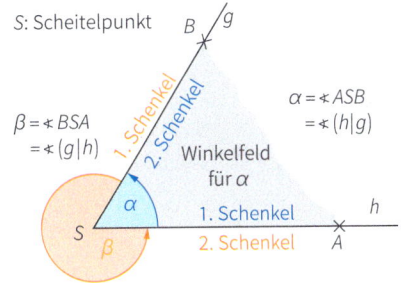

Winkelarten

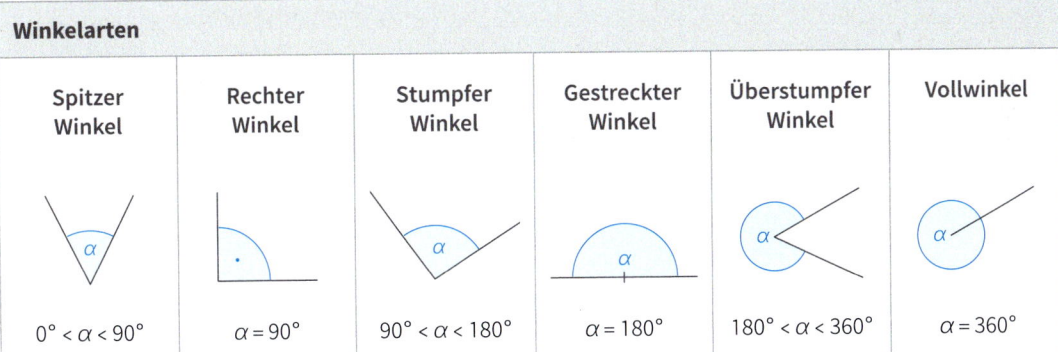

Spitzer Winkel	Rechter Winkel	Stumpfer Winkel	Gestreckter Winkel	Überstumpfer Winkel	Vollwinkel
$0° < \alpha < 90°$	$\alpha = 90°$	$90° < \alpha < 180°$	$\alpha = 180°$	$180° < \alpha < 360°$	$\alpha = 360°$

Winkel an geschnittenen Geraden

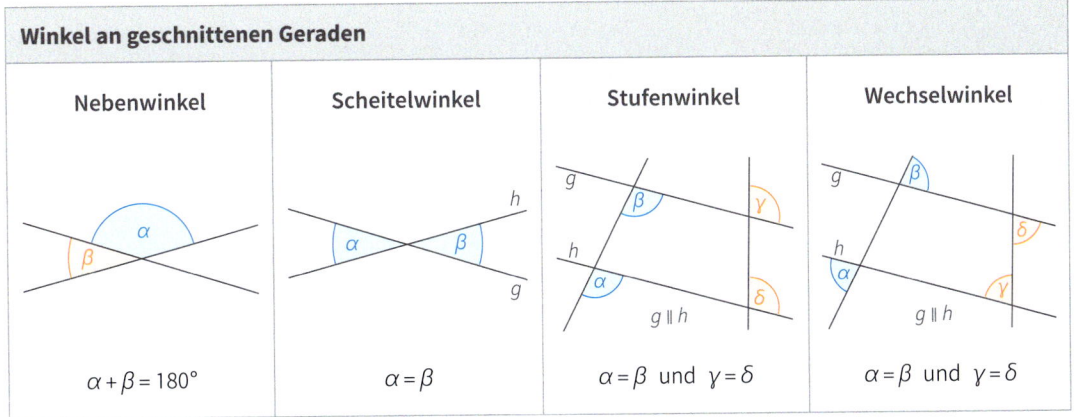

Nebenwinkel	Scheitelwinkel	Stufenwinkel	Wechselwinkel
$\alpha + \beta = 180°$	$\alpha = \beta$	$\alpha = \beta$ und $\gamma = \delta$	$\alpha = \beta$ und $\gamma = \delta$

Winkel

Winkelsumme

Dreieck	Viereck	n-Eck
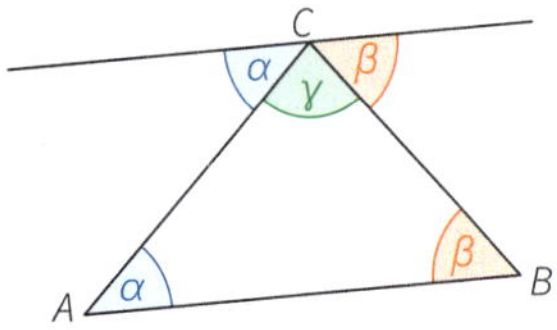	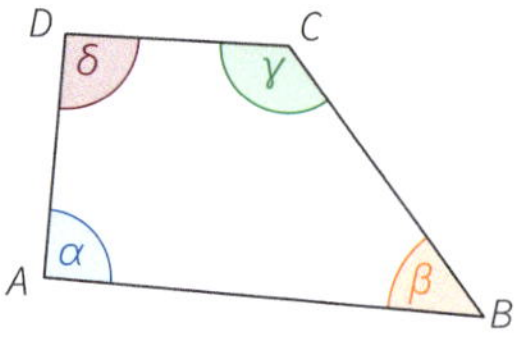	Die Winkelsumme beträgt $(n-2) \cdot 180°$ für $n \in \mathbb{N}, n \geq 3$.
$\alpha + \beta + \gamma = 180°$	$\alpha + \beta + \gamma + \delta = 360°$	

Kongruenz

Definition	Zwei geometrische Figuren F und F' heißen **kongruent**, wenn ihre Flächen deckungsgleich sind.	
Kongruenz abbildungen und Symmetrie	Eine **Kongruenzabbildung** ist eine Abbildung der Ebene auf sich, die jede Figur auf eine zu ihr kongruente Figur abbildet.	Eine Figur ist **symmetrisch**, wenn sie durch eine Kongruenzabbildung auf sich selbst abgebildet wird.

Achsenspiegelung

s:
Spiegel-
achse

$\overline{PA} = \overline{PA'}$

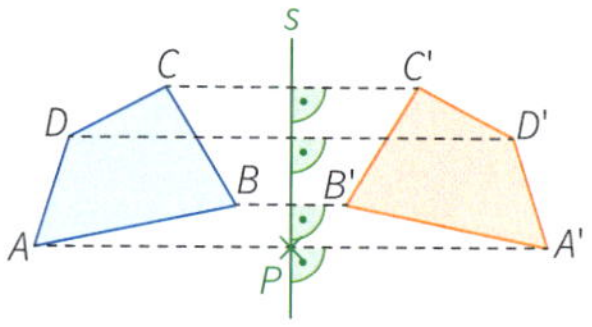

Achsensymmetrie

Eine Figur ist **achsensymmetrisch**, wenn es mindestens eine Spiegelachse s gibt, so dass die Figur auf sich selbst gespiegelt wird.
Die Spiegelachse s heißt dann **Symmetrieachse**.

Punktspiegelung

Z:
Spiegel-
zentrum

$\overline{ZA} = \overline{ZA'}$

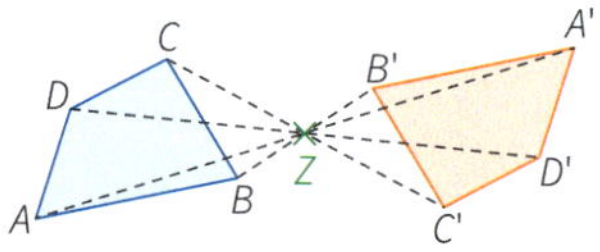

Punktsymmetrie

Eine Figur ist **punktsymmetrisch**, wenn sie an einem Punkt Z so gespiegelt werden kann, dass sie mit sich selbst zur Deckung kommt.
Z heißt dann **Symmetriezentrum**.

Drehung

Z:
Dreh-
zentrum

Drehung
um den
Winkel α

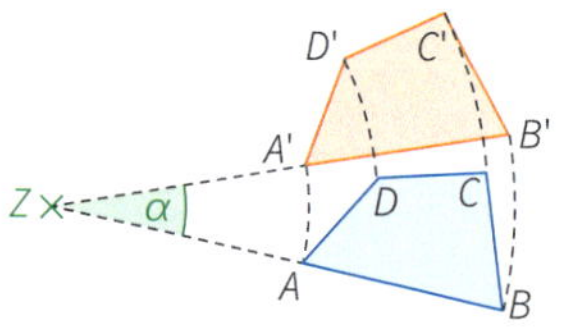

Drehsymmetrie

Eine Figur ist **drehsymmetrisch** (auch **rotationssymmetrisch**), wenn sie um einem Punkt Z so gedreht werden kann, dass sie mit sich selbst zur Deckung kommt.

Parallelverschiebung (Translation)

$\overline{AA'} = \overline{BB'}$
$= \overline{CC'}$
$= \overline{DD'}$

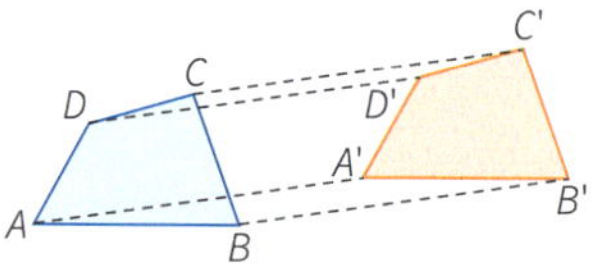

Eine Figur ist **verschiebungssymmetrisch** (auch **periodisch**), wenn sie durch eine Verschiebung auf sich selbst abgebildet werden kann.

Kongruenzsätze für Dreiecke
Zwei Dreiecke sind kongruent, wenn sie …

SSS	SWS	WSW	SsW
… in den Längen der drei Seiten übereinstimmen.	… in den Längen zweier Seiten und dem Maß des eingeschlossenen Winkels übereinstimmen.	… in der Länge einer Seite und den Maßen der anliegenden Winkel übereinstimmen.	… in den Längen zweier Seiten und dem Maß des Gegenwinkels der längeren der beiden Seiten übereinstimmen.
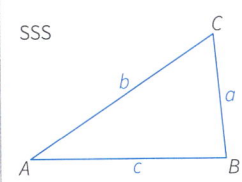	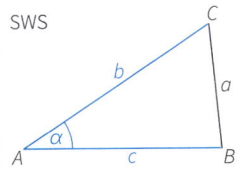	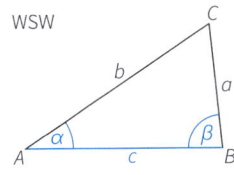	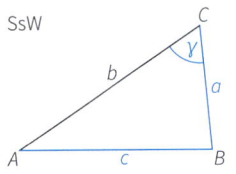

Definition	Zwei geometrische Figuren F und F' heißen zueinander ähnlich, wenn 1. die Längenverhältnisse entsprechender Seiten gleich sind und 2. einander entsprechende Winkel gleich groß sind.
Ähnlichkeitsabbildung	Eine **Ähnlichkeitsabbildung** ist eine Abbildung der Ebene auf sich, die sich aus zentrischen Streckungen und Kongruenzabbildungen zusammensetzen lässt.
Zentrische Streckung	Zentrische Streckung $(Z; k)$ mit dem Streckzentrum Z und dem Streckfaktor $k \neq 0$ Es gilt: $\overline{ZP'} = \lvert k \rvert \cdot \overline{ZP}$.

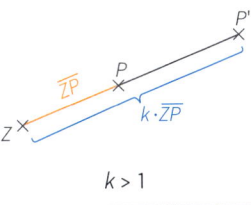

$k > 1$

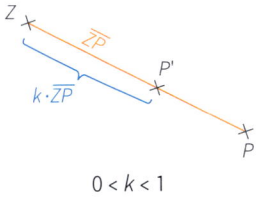

$0 < k < 1$

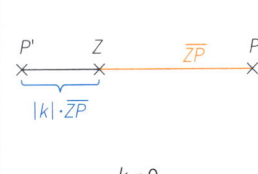

$k < 0$

Eigenschaften zentrischer Streckungen von Figuren	• Die Originalfigur F ist ähnlich zur Bildfigur F'. • Die Winkelgrößen bleiben erhalten. • Für das Bild $\overline{A'B'}$ der Strecke $\overline{AB}$ gilt: $\overline{A'B'} = \lvert k \rvert \cdot \overline{AB}$. • Für die Flächeninhalte gilt: $A_{F'} = k^2 \cdot A_F$. • Für die Volumina gilt: $V_{F'} = \lvert k \rvert^3 \cdot A_F$.

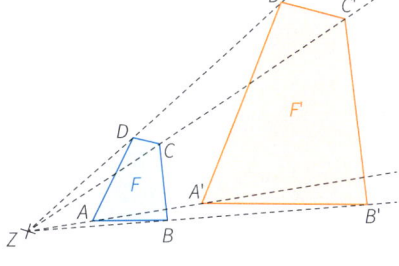

Goldener Schnitt	Teilung einer Strecke $\overline{AB}$ in zwei Teilstrecken a und b mit der Bedingung: $$\frac{a}{b} = \frac{a+b}{a}$$ Es gilt: $$\frac{a}{b} = \frac{1+\sqrt{5}}{2} \approx 1{,}618$$

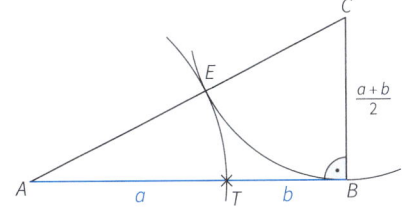

Ähnlichkeit

Ähnlichkeitssätze für Dreiecke
Zwei Dreiecke sind ähnlich, wenn sie …

… in zwei Winkeln übereinstimmen.	… in den Verhältnissen aller entsprechenden Seiten übereinstimmen.	… in den Verhältnissen zweier entsprechender Seiten und in den eingeschlossenen Winkeln übereinstimmen.	… in den Verhältnissen zweier entsprechender Seiten und in den Gegenwinkeln der längeren Seiten übereinstimmen.

Strahlensätze

Voraussetzung	Wenn zwei durch einen Punkt Z verlaufende Geraden von zwei Parallelen g und h geschnitten werden, dann gelten die folgenden Aussagen.

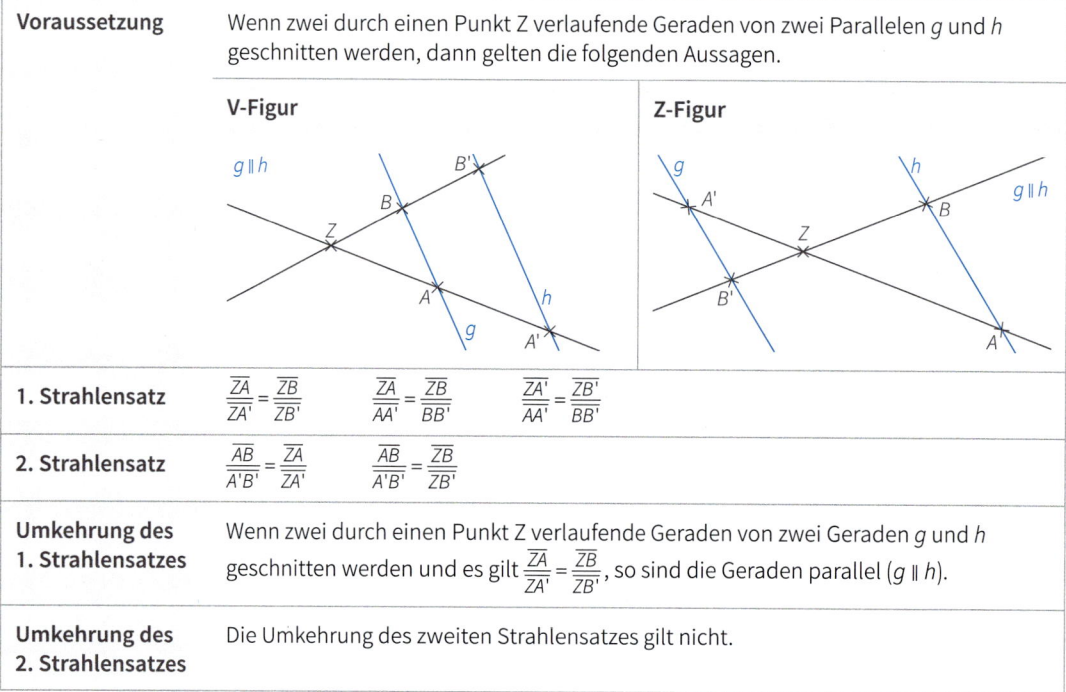

V-Figur   **Z-Figur**

1. Strahlensatz	$\dfrac{\overline{ZA}}{\overline{ZA'}} = \dfrac{\overline{ZB}}{\overline{ZB'}}$ $\dfrac{\overline{ZA}}{\overline{AA'}} = \dfrac{\overline{ZB}}{\overline{BB'}}$ $\dfrac{\overline{ZA'}}{\overline{AA'}} = \dfrac{\overline{ZB'}}{\overline{BB'}}$
2. Strahlensatz	$\dfrac{\overline{AB}}{\overline{A'B'}} = \dfrac{\overline{ZA}}{\overline{ZA'}}$ $\dfrac{\overline{AB}}{\overline{A'B'}} = \dfrac{\overline{ZB}}{\overline{ZB'}}$
Umkehrung des 1. Strahlensatzes	Wenn zwei durch einen Punkt Z verlaufende Geraden von zwei Geraden g und h geschnitten werden und es gilt $\dfrac{\overline{ZA}}{\overline{ZA'}} = \dfrac{\overline{ZB}}{\overline{ZB'}}$, so sind die Geraden parallel ($g \parallel h$).
Umkehrung des 2. Strahlensatzes	Die Umkehrung des zweiten Strahlensatzes gilt nicht.

Sätze am Kreis

Satz des Thales	(1) Liegt C auf einem Halbkreis über der Strecke $\overline{AB}$, so ist $\sphericalangle ACB$ ein rechter Winkel. (*Satz des Thales*) (2) Hat ein Dreieck ABC einen rechten Winkel bei C, so liegt C auf einem Halbreis über $\overline{AB}$. (*Umkehrung*)	
Mittelpunkts-, Umfangs- und Sehnentangentenwinkel	$\overline{AB}$: Sehne des Kreises k t: Tangente zu k durch A $\alpha_1, \alpha_2, \alpha_3, \alpha_4$: Umfangswinkel (Peripheriewinkel) über der Sehne $\overline{AB}$ β: Mittelpunktswinkel (Zentriwinkel) zur Sehne $\overline{AB}$ γ: Sehnentangentenwinkel zur Sehne $\overline{AB}$ Es gilt: $\alpha_1 = \alpha_2 = \alpha_3 = \alpha_4 = \gamma$ $\beta = 2\alpha_1 = 2\alpha_2 = 2\alpha_3 = 2\alpha_4 = 2\gamma$	

Dreiecke

Allgemeine Dreiecke

$$A = \frac{c \cdot h_c}{2} = \frac{b \cdot h_b}{2} = \frac{a \cdot h_a}{2}$$

$$A = \frac{g \cdot h}{2} \quad (allgemein)$$

$$u = a + b + c$$

$$\alpha + \beta + \gamma = 180° \quad (Winkelsumme)$$

Heron'sche Flächenformel:
$$A = \sqrt{s(s-a)(s-b)(s-c)}$$
mit $s = \frac{1}{2}(a+b+c)$

spitzwinkliges Dreieck

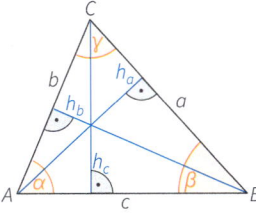

Alle Innenwinkel sind spitz.

stumpfwinkliges Dreieck

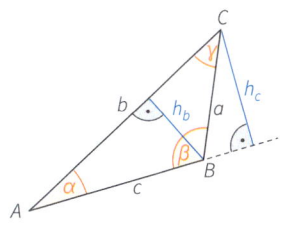

Ein Innenwinkel ist stumpf.

Allgemeine und spezielle Dreiecke

a, b, c: Seitenlängen

h, h_a, h_b, h_c: Höhen

g: Grundseite

s: halber Umfang

Spezielle Dreiecke

gleichschenkliges Dreieck

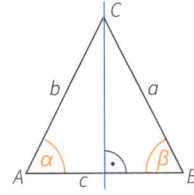

eine Symmetrieachse
$a = b$
$\alpha = \beta \quad (Basiswinkel)$
$h_c = \sqrt{a^2 - \left(\frac{c}{2}\right)^2}$
$u = 2a + c$

gleichseitiges Dreieck

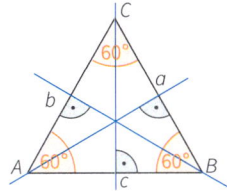

drei Symmetrieachsen
$a = b = c$
$\alpha = \beta = \gamma = 60°$
$h_c = \frac{a \cdot \sqrt{3}}{2} \qquad A = \frac{a^2 \cdot \sqrt{3}}{4}$
$u = 3a$

rechtwinkliges Dreieck

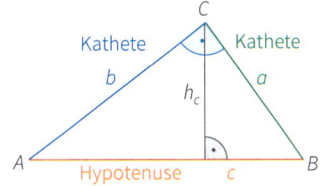

Ein Innenwinkel ist 90° groß.
$$A = \frac{c \cdot h_c}{2} = \frac{a \cdot b}{2} \qquad (\text{für } \gamma = 90°)$$
Die Schenkel des rechten Winkels heißen **Katheten**, die dem rechten Winkel gegenüberliegende Seite heißt **Hypotenuse**.

Besondere Punkte und Linien im Dreieck

Höhen

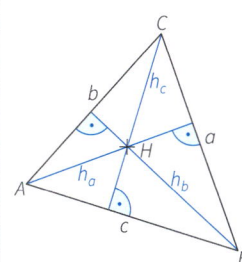

Die *Höhen* eines Dreiecks schneiden sich in einem Punkt H, dem *Höhenschnittpunkt* (auch: *Orthozentrum*) des Dreiecks.

Seitenhalbierende

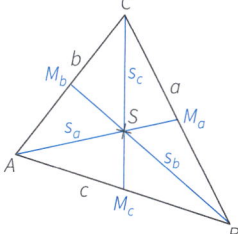

Die *Seitenhalbierenden* eines Dreiecks schneiden sich in einem Punkt S, dem *Schwerpunkt* des Dreiecks.

Mittelsenkrechte

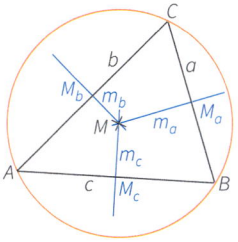

Die *Mittelsenkrechten* eines Dreiecks schneiden sich in einem Punkt M, dem Mittelpunkt des *Umkreises*.

Winkelhalbierende

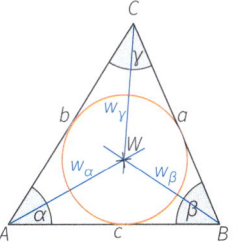

Die *Winkelhalbierenden* eines Dreiecks schneiden sich in einem Punkt W, dem Mittelpunkt des *Inkreises*.

h_a, h_b, h_c: Höhen

M_a, M_b, M_c: Mittelpunkte der Seiten

s_a, s_b, s_c: Seitenhalbierende

m_a, m_b, m_c: Mittelsenkrechte

$w_\alpha, w_\beta, w_\gamma$: Winkelhalbierende

Satzgruppe des Pythagoras

a, *b*: Katheten

c: Hypotenuse

h: Höhe

p, *q*: Hypotenusenabschnitte

| **Satz des Pythagoras** | (1) In jedem rechtwinkligen Dreieck mit $\gamma = 90°$ gilt: $$a^2 + b^2 = c^2$$ (*Satz des Pythagoras*)

 (2) Sind *a*, *b* und *c* Seiten eines Dreiecks und gilt $a^2 + b^2 = c^2$, so ist das Dreieck ABC rechtwinklig mit $\gamma = 90°$. (*Umkehrung des Satzes des Pythagoras*)

 (3) Sind a, b und c Seiten eines Dreiecks und und ist der Winkel zwischen a und b stumpf (spitz), so gilt: $a^2 + b^2 < c^2$ $(a^2 + b^2 > c^2)$. | 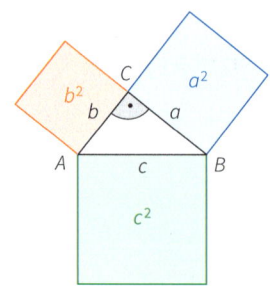 |

Katheten- und Höhensatz

Im rechtwinkligen Dreieck $\gamma = 90°$ gilt:

Kathetensatz	**Höhensatz**
$a^2 = p \cdot c$ $b^2 = q \cdot c$ 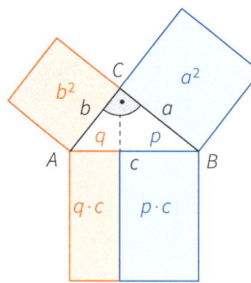	$h^2 = q \cdot p$ 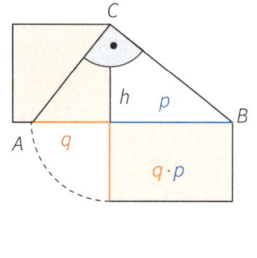

Trigonometrische Berechnungen

↗ *sin, cos, tan im Einheitskreis S. 33*

| **Sinus, Kosinus und Tangens im rechtwinkligen Dreieck** | Für rechtwinklige Dreiecke gilt:

 $\sin \alpha = \dfrac{\text{Gegenkathete von } \alpha}{\text{Hypotenuse}} = \dfrac{a}{c}$

 $\cos \alpha = \dfrac{\text{Ankathete von } \alpha}{\text{Hypotenuse}} = \dfrac{b}{c}$

 $\tan \alpha = \dfrac{\text{Gegenkathete von } \alpha}{\text{Ankathete von } \alpha} = \dfrac{a}{b}$ | 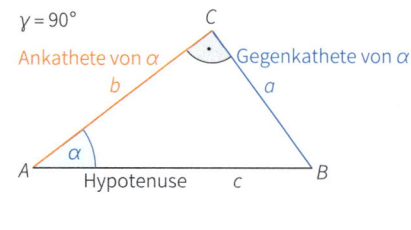 |

| **Sinus- und Kosinussatz** | Für beliebige Dreiecke gilt:
 Sinussatz:
 $\dfrac{a}{\sin \alpha} = \dfrac{b}{\sin \beta} = \dfrac{c}{\sin \gamma}$

 Kosinussatz:
 $a^2 = b^2 + c^2 - 2bc \cdot \cos \alpha$
 $b^2 = a^2 + c^2 - 2ac \cdot \cos \beta$
 $c^2 = a^2 + b^2 - 2ab \cdot \cos \gamma$ | 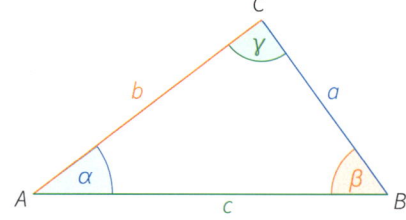 |

| **Flächeninhalt eines Dreiecks** | $A = \frac{1}{2} ab \cdot \sin \gamma$

 $A = \frac{1}{2} ac \cdot \sin \beta$

 $A = \frac{1}{2} bc \cdot \sin \alpha$ |

Ebene Figuren

Eigenschaften, Umfangs- und Flächenformeln

u: Umfang

A: Flächeninhalt

g: Grundseite

h: Höhe

e, f: Diagonalen

Dreiecke und Vierecke

	Beschriftung und Eigenschaften	Umfangs- und Flächenformeln
allgemeines Dreieck	$\alpha + \beta + \gamma = 180°$	$A = \dfrac{g \cdot h}{2}$ $u = a + b + c$
rechtwinkliges Dreieck	$\alpha + \beta = 90°$	$A = \dfrac{a \cdot b}{2}$ $u = a + b + c$
Quadrat	$e \perp f;\ e = f;$ Diagonalen halbieren einander; $a \parallel c;\ b \parallel d;\ a = b = c = d;$ $\alpha = \beta = \gamma = \delta = 90°;$ 4 Symmetrieachsen, Punktsymmetrie	$A = a^2$ $u = 4a$
Rechteck	$e = f;$ Diagonalen halbieren einander; $a \parallel c;\ b \parallel d;\ a = c;\ b = d;$ $\alpha = \beta = \gamma = \delta = 90°;$ 2 Symmetrieachsen, Punktsymmetrie	$A = a \cdot b$ $u = 2a + 2b$
Raute (Rhombus)	$e \perp f;$ Diagonalen halbieren einander; $a \parallel c;\ b \parallel d;\ a = b = c = d;$ $\alpha = \gamma;\ \beta = \delta;\ \alpha + \beta = \gamma + \delta = 180°;$ 2 Symmetrieachsen, Punktsymmetrie	$A = \dfrac{e \cdot f}{2}$ $u = 4a$

Eigenschaften, Umfangs- und Flächenformeln

u: Umfang

A: Flächeninhalt

g: Grundseite

h: Höhe

e, f: Diagonalen

m: Mittellinie

Dreiecke und Vierecke

	Beschriftung und Eigenschaften	Umfangs- und Flächenformeln
Drachen (Drachenviereck)	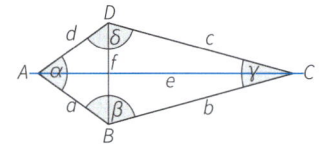 $e \perp f$; e halbiert f $a = d$; $b = c$; $\beta = \delta$ 1 Symmetrieachse	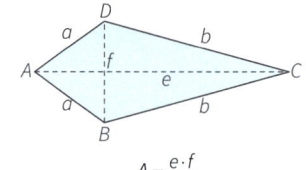 $A = \dfrac{e \cdot f}{2}$ $u = 2a + 2b$
schiefer Drachen	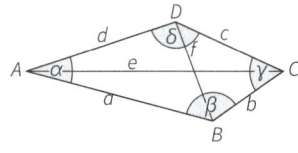 e halbiert f	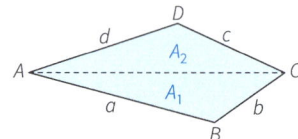 $A = A_1 + A_2$ $u = a + b + c + d$
Parallelogramm	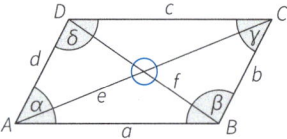 Diagonalen halbieren einander; $a \parallel c$; $b \parallel d$; $a = c$; $b = d$; $\alpha = \gamma$; $\beta = \delta$; $\alpha + \beta = \gamma + \delta = 180°$; Punktsymmetrie	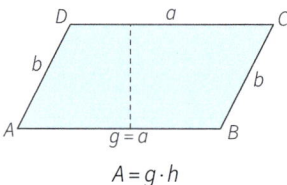 $A = g \cdot h$ $u = 2a + 2b$
gleichschenkliges Trapez	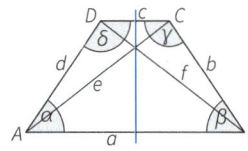 $a \parallel c$; $b = d$; $e = f$; $\alpha = \beta$; $\gamma = \delta$; $\alpha + \delta = \beta + \gamma = 180°$ 1 Symmetrieachse	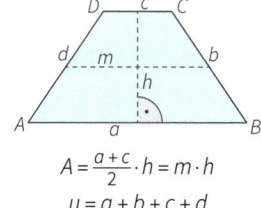 $A = \dfrac{a+c}{2} \cdot h = m \cdot h$ $u = a + b + c + d$
Trapez	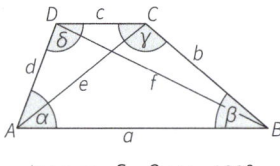 $a \parallel c$, $\alpha + \delta = \beta + \gamma = 180°$	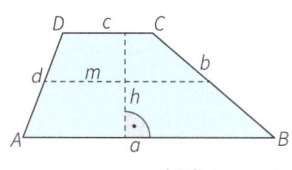 $m = \dfrac{a+c}{2}$ $A = \dfrac{a+c}{2} \cdot h = m \cdot h$ $u = a + b + c + d$
allgemeines Viereck	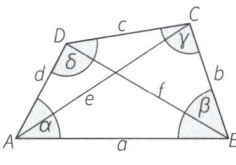 $\alpha + \beta + \gamma + \delta = 360°$	$m = \dfrac{a+c}{2}$ $A = A_1 + A_2$ $u = a + b + c + d$

Kreis und Ellipse

Kreis

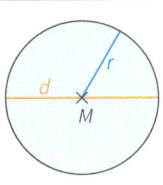

$$d = 2r$$
$$A = \pi r^2 = \pi \frac{d^2}{4}$$
$$u = 2\pi r = \pi d$$

Ellipse

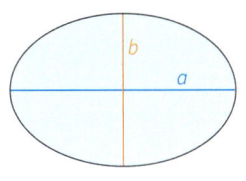

$$A = \pi \cdot a \cdot b$$
$$u \approx \pi \cdot (a + b)$$
$$u \approx \pi \cdot \sqrt{2\,(a^2 + b^2)}$$

Kreisring

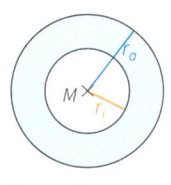

$$A = \pi r_a^2 - \pi r_i^2$$
$$A = \pi\,(r_a + r_i)\,(r_a - r_i)$$

Kreisabschnitt (Kreissegment)

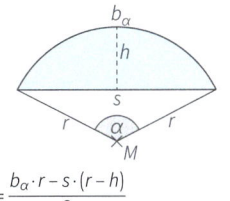

$$A = \frac{b_\alpha \cdot r - s \cdot (r - h)}{2}$$
$$u = s + b_\alpha$$

Kreisbogen

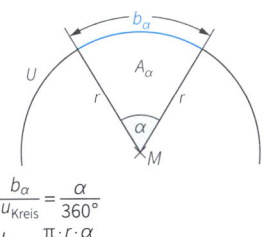

$$\frac{b_\alpha}{u_{Kreis}} = \frac{\alpha}{360°}$$
$$b_\alpha = \frac{\pi \cdot r \cdot \alpha}{180°}$$

Kreissektor (Kreisausschnitt)

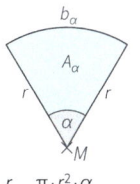

$$A_\alpha = b_\alpha \cdot \frac{r}{2} = \frac{\pi \cdot r^2 \cdot \alpha}{360°}$$
$$u = 2r + b_\alpha$$

Umfangs- und Flächenformeln

u: Umfang

A: Flächeninhalt

r: Radius

d: Durchmesser

b_α: Kreisbogen

h: Höhe

s: Sehne

---

regelmäßiges n-Eck

Ein *regelmäßiges n-Eck* wird von n gleich langen Seiten gebildet. Die Radien r des Umkreises zerlegen es in n kongruente gleichschenklige Teildreiecke.

Winkel
Winkel α an der Spitze jedes Teildreiecks:
$$\alpha = \frac{360°}{n}$$

Innenwinkel:
$$\beta = \frac{(n - 2) \cdot 180°}{n}$$

Summe der Innenwinkel:
$$n \cdot \beta = (n - 2) \cdot 180°$$

Umfang
$$u = n \cdot a$$

Flächeninhalt
Summe der Flächeninhalte der n kongruenten Teildreiecke:
$$A = n \cdot \frac{a \cdot h_a}{2} \quad \text{mit } h_a = \sqrt{r^2 - \left(\frac{a}{2}\right)^2}$$

Trigonometrische Berechnung:
$$A = n \cdot \frac{1}{2} r^2 \cdot \sin\alpha \quad \text{oder}$$
$$A = n \cdot \frac{a^2}{4 \cdot \tan\frac{\alpha}{2}}$$

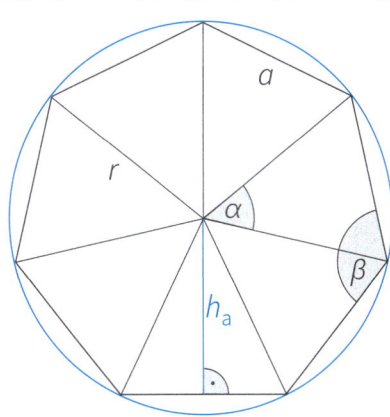

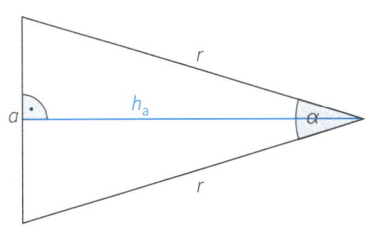

regelmäßiges n-Eck

a: Seitenlänge

r: Umkreisradius

h_a: Inkreisradius

α: Mittelpunktswinkel

β: Innenwinkel

Körper

Prisma und Zylinder

Würfel	$V = a^3$ $A_O = 6a^2$ $d = a \cdot \sqrt{3}$	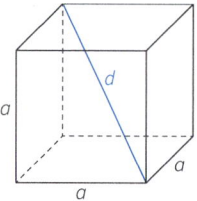 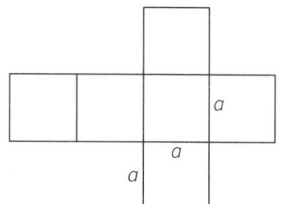
Quader	$V = a \cdot b \cdot c$ $A_O = 2ab + 2ac + 2bc$ $\quad = 2(ab + ac + bc)$ $d = \sqrt{a^2 + b^2 + c^2}$	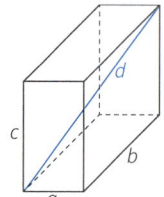 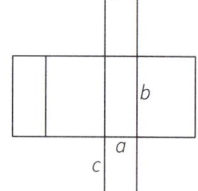
Prisma	$V = A_G \cdot h$ A_G: *siehe Flächenformeln* $A_M = u_G \cdot h$ $A_O = 2A_G + A_M$	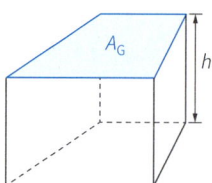 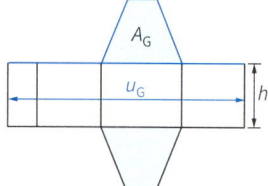
Zylinder	$V = \pi r^2 \cdot h$ $A_G = \pi r^2$ $A_M = u_G \cdot h$ $\quad = 2\pi r \cdot h$ $A_O = 2A_G + A_M$ $\quad = 2 \cdot \pi r^2 + 2\pi rh$	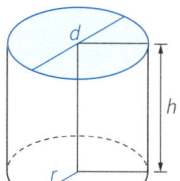 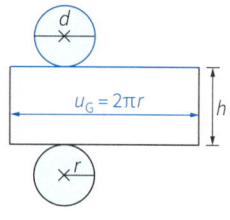

Pyramide und Kegel

allgemeine Pyramide	$V = \frac{1}{3}A_G \cdot h$ A_G: *siehe Flächenformeln* $A_M = A_1 + A_2 + \dots + A_n$ $A_O = A_G + A_M$	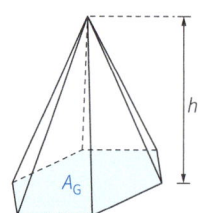 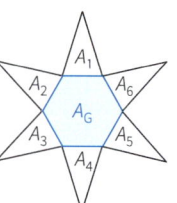
quadratische Pyramide	$V = \frac{1}{3}a^2 \cdot h$ $A_G = a^2$ $A_M = 2a h_s$ $A_O = a^2 + 2a h_s$ $h_s^2 = h^2 + \left(\frac{a}{2}\right)^2$ $s^2 = h_s^2 + \left(\frac{a}{2}\right)^2$	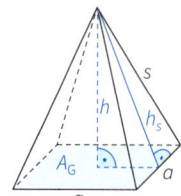 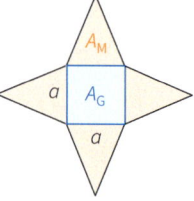

Pyramide und Kegel

Kegel

$V = \frac{1}{3}\pi r^2 \cdot h$

$A_G = \pi r^2$

$A_M = \pi r s$

$A_O = \pi r^2 + \pi r s$

$s^2 = h^2 + r^2$

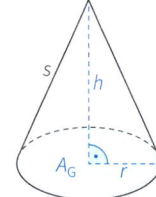
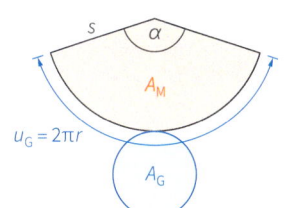

Kugel

$V = \frac{4}{3}\pi r^3$

$A_O = 4\pi r^2$

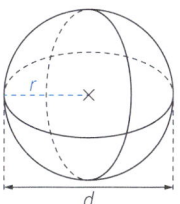

Stümpfe und Kugelteile

Pyramiden-stumpf

$V = \frac{1}{3}h \cdot \left(A_G + \sqrt{A_G \cdot A_D} + A_D\right)$

Quadratischer Pyramidenstumpf:

$V = \frac{1}{3}h \cdot \left(a_1{}^2 + a_1 \cdot a_2 + a_2{}^2\right)$

$A_G = a_1{}^2$

$A_D = a_2{}^2$

$A_M = 2 \cdot (a_1 + a_2) \cdot h_s$

$A_O = a_1{}^2 + a_2{}^2 + 2 \cdot (a_1 + a_2) \cdot h_s$

$h_s{}^2 = h^2 + \left(\frac{a_1 - a_2}{2}\right)^2$

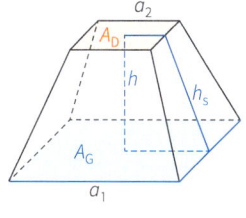

Kegelstumpf

$V = \frac{1}{3}\pi h \cdot \left(r_1{}^2 + r_1 \cdot r_2 + r_2{}^2\right)$

$A_G = \pi r_1{}^2$

$A_D = \pi r_2{}^2$

$A_M = \pi s \cdot (r_1 + r_2)$

$A_O = \pi r_1{}^2 + \pi r_2{}^2 + \pi s \cdot (r_1 + r_2)$

$s^2 = h^2 + (r_1 - r_2)^2$

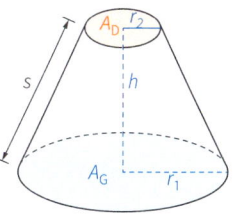

Kugelabschnitt

$V = \frac{1}{3}\pi h^2 \cdot (3r - h)$

$V = \frac{1}{6}\pi h \cdot (3r_1{}^2 + h^2)$

$A_M = 2\pi r \cdot h$

$A_M = \pi \cdot (r_1{}^2 + h^2)$

$A_O = \pi r_1{}^2 + 2\pi r \cdot h$

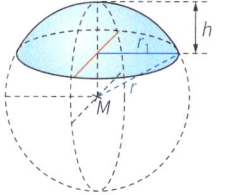

Kugelschicht

$V = \frac{1}{6}\pi h \cdot (3r_1{}^2 + 3r_2{}^2 + h^2)$

$A_M = 2\pi r \cdot h$

$A_O = \pi \cdot (r_1{}^2 + r_2{}^2) + 2\pi r \cdot h$

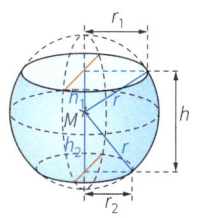

Volumen- und Oberflächen-formeln

V: Volumen

A_O: Oberfläche

A_G: Grund-fläche

A_D: Deckfläche

A_M: Mantel-fläche

u_G: Umfang der Grund-fläche

h: Körperhöhe

d: Durch-messer

r: Radius

s: Mantellinie

h_s: Seitenhöhe

a: Grundkante

Satz des Cavalieri

A_G: Grundfläche

A_i: Quer-
schnittsfläche

h: Körperhöhe

Satz des Cavalieri	Zwei Körper sind volumen- gleich, wenn gilt: (1) Ihre Körperhöhen sind gleich. (2) Ihre Grundflächen sind gleich groß. (3) Ihre Querschnittsflächen sind in jeder Höhe gleich groß.	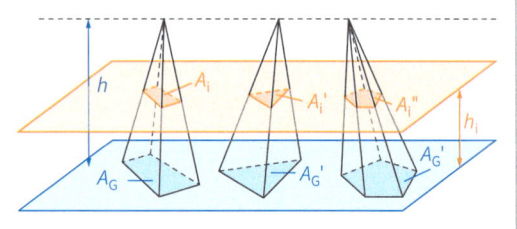

Platonische Körper

Platonische Körper (Regelmäßige Polyeder)	Tetraeder	Hexaeder (Würfel)	Oktaeder	Dodekaeder	Ikosaeder
Art der Seitenflächen	gleichseitige Dreiecke	Quadrate	gleichseitige Dreiecke	regelmäßige Fünfecke	gleichseitige Dreiecke
Anzahl Ecken	4	8	6	20	12
Anzahl Kanten	6	12	12	30	30
Anzahl Flächen	4	6	8	12	20

Schrägbild

Schrägbild, Grundriss, Aufriss, Seitenriss	Eigenschaften von Schrägbildern in der **Kavalierperspektive**: • Zur Bildebene parallele Kanten werden originalgetreu gezeichnet. • Zur Bildebene senkrechte Kanten werden in halber Länge unter einem Winkel von 45° zur Waagerechten gezeichnet. • Nicht sichtbare Strecken werden gestrichelt gezeichnet.

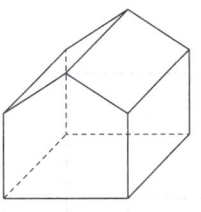

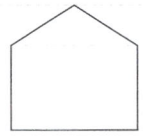

Aufriss
(Vorderansicht)

Seitenriss
(Seitenansicht,
auch Kreuzriss)

Grundriss
(Draufsicht)

Folgen und Reihen

Zahlenfolge	Eine **Zahlenfolge** $(a_n) = (a_1, a_2, a_3, \ldots)$ ist eine Funktion f mit $f(n) = a_n$ und der Definitionsmenge $D = \mathbb{N}$.
Explizite Festlegung	Das n-te Folgenglied kann direkt mit einer Formel berechnet werden: $a_n = f(n)$
Rekursive Festlegung	Das n-te Folgenglied kann aus dem vorhergehenden mithilfe einer Rekursionsformel berechnet werden. Ein Startwert ist vorgegeben. $a_{n+1} = f(a_n)$; Startwert a_1

Explizite und rekursive Darstellung von Folgen

Arithmetische Folgen	Explizite Festlegung: $a_n = a + (n-1) \cdot d$
	Rekursive Festlegung: $a_{n+1} = a_n + d$; $a_1 = a$
	Die Differenz benachbarter Folgenglieder ist konstant: $a_{n+1} - a_n = d$
Geometrische Folgen	Explizite Festlegung: $a_n = a \cdot q^{n-1}$; $a \neq 0$; $q \neq 0$
	Rekursive Festlegung: $a_{n+1} = q \cdot a_n$; $a_1 = a$
	Die Quotient benachbarter Folgengliedern ist konstant: $\frac{a_{n+1}}{a_n} = q$

Arithmetische und geometrische Folgen

Monotonie	Eine Folge ist
	• **monoton steigend (wachsend)**, wenn für alle $n \in \mathbb{N}$ gilt: $\qquad a_{n+1} \geq a_n$
	• **streng monoton steigend (wachsend)**, wenn für alle $n \in \mathbb{N}$ gilt: $\quad a_{n+1} > a_n$
	• **monoton fallend (abnehmend)**, wenn für alle $n \in \mathbb{N}$ gilt: $\qquad a_{n+1} \leq a_n$
	• **streng monoton fallend (abnehmend)**, wenn für alle $n \in \mathbb{N}$ gilt: $\quad a_{n+1} < a_n$
Beschränktheit	Eine Folge (a_n) ist **nach oben beschränkt**, wenn es eine reelle Zahl S_O gibt, so dass für alle $n \in \mathbb{N}$ gilt: $a_n \leq S_O$. S_O heißt **obere Schranke**.
	Eine Folge (a_n) ist nach **unten beschränkt**, wenn es eine reelle Zahl S_U gibt, so dass für alle $n \in \mathbb{N}$ gilt: $a_n \geq S_U$. S_U heißt **untere Schranke**.
	Eine Folge ist **beschränkt**, wenn sie eine untere und eine obere Schranke besitzt.

Monotonie, Beschränktheit

ε-Umgebung	Die **ε-Umgebung** einer Zahl a ist das offene Intervall $]a - \varepsilon, a + \varepsilon[$.
	Für alle Zahlen x dieser Umgebung gilt: $a - \varepsilon < x < a + \varepsilon$
Definition Grenzwert	Eine Zahl g heißt **Grenzwert der Folge (a_n)**, wenn es zu jeder vorgegebenen Genauigkeit ε eine Zahl n_0 gibt, ab der alle weiteren Folgenglieder um weniger als ε von g abweichen.
Kurzform	Zu jedem $\varepsilon > 0$ gibt es ein n_0, sodass für alle $n > n_0$ gilt: $|a_n - g| < \varepsilon$
	Schreibweise: $\lim\limits_{n \to \infty} (a_n) = g$ oder
	$a_n \to g$ für $n \to \infty$

Grenzwert

Grenzwert

Konvergenz – Divergenz	Eine Folge ist **konvergent**, wenn sie einen Grenzwert besitzt, sie ist **divergent**, wenn sie keinen Grenzwert besitzt.
	Wachsen die Folgenglieder einer divergenten Folge über alle Grenzen, schreibt man auch $\lim\limits_{n\to\infty}(a_n)=\infty$
	Werden die Folgenglieder einer divergenten Folge beliebig klein, schreibt man auch $\lim\limits_{n\to\infty}(a_n)=-\infty$

Grenzwertsätze

	Die Folgen (a_n) und (b_n) seien konvergent mit $\lim\limits_{n\to\infty}(a_n)=a$ und $\lim\limits_{n\to\infty}b_n=b$. Dann gelten:
Summenregel/ Differenzregel	$\lim\limits_{n\to\infty}(a_n\pm b_n)=\lim\limits_{n\to\infty}a_n\pm\lim\limits_{n\to\infty}b_n=a\pm b$
Produktregel	$\lim\limits_{n\to\infty}(a_n\cdot b_n)=\lim\limits_{n\to\infty}a_n\cdot\lim\limits_{n\to\infty}b_n=a\cdot b$
Quotientenregel	$\lim\limits_{n\to\infty}\left(\dfrac{a_n}{b_n}\right)=\dfrac{\lim\limits_{n\to\infty}a_n}{\lim\limits_{n\to\infty}b_n}=\dfrac{a}{b}$ falls $b\neq 0$ und $b_n\neq 0$ für alle n.

Besondere Folgen

Nullfolgen	$\lim\limits_{n\to\infty}\dfrac{a}{n}=0$	$\lim\limits_{n\to\infty}q^n=0$ für $-1<q<1$	$\lim\limits_{n\to\infty}\sqrt[n]{a}=1$ für $a>0$
	$\lim\limits_{n\to\infty}\dfrac{a^n}{n!}=0$	$\lim\limits_{n\to\infty}\dfrac{n^k}{b^n}=0$ für $k\in\mathbb{N}$; $b>1$	$\lim\limits_{n\to\infty}\dfrac{\ln(n)}{\sqrt[k]{n}}=0$ für $k\in\mathbb{N}$; $k\geq 2$
Eulersche Zahl e	$\lim\limits_{n\to\infty}\left(1+\dfrac{1}{n}\right)^n=e\approx 2{,}718281$	$\lim\limits_{n\to\infty}\left(1-\dfrac{1}{n}\right)^n=\dfrac{1}{e}\approx 0{,}367879$	

Reihen

Definition	Wenn man die Glieder einer Zahlenfolge a_n addiert, erhält man eine Reihe. Diese Reihe wird als Folge der Teilsummen (**Partialsummenfolge**) definiert.
	$s_1=a_1$
	$s_2=a_1+a_2$
	$\ldots$
	$s_n=a_1+a_2+\ldots+a_{n-1}+a_n \qquad s_n=\sum\limits_{i=1}^{n}a_i$
Partialsumme	Die Teilsumme (**Partialsumme**) s_n ist eine endliche Reihe.

Arithmetische und geometrische Reihe

Arithmetische Reihe	Addiert man die Glieder einer arithmetischen Folge (a_n), so erhält man die **arithmetische Reihe** $s_n=\sum\limits_{i=1}^{n}a_i$
	Es gilt: $s_n=\dfrac{n}{2}\cdot(a_1+a_n)=\dfrac{n}{2}\cdot(2a_1+(n-1)\cdot d)$

Geometrische Reihe	Addiert man die Glieder einer geometrischen Folge (a_n), so erhält man die **geometrische Reihe** $s_n = \sum_{i=1}^{n} a_i$. Es gilt: $s_n = a_1 \cdot \dfrac{1-q^n}{1-q}$. Für $-1 < q < 1$ konvergieren geometrische Reihen mit $s = \lim\limits_{n\to\infty}(s_n) = \lim\limits_{n\to\infty}\left(\sum_{i=1}^{n} a_1 \cdot q^{i-1}\right) = \dfrac{a_1}{1-q}$

Arithmetische und geometrische Reihe

Natürliche Zahlen	$s_n = 1 + 2 + 3 + \ldots + n = \sum_{i=1}^{n} i = \frac{1}{2} n(n+1)$
Gerade Zahlen	$s_n = 2 + 4 + 6 + \ldots + 2n = \sum_{i=1}^{n} 2i = n(n+1)$
Ungerade Zahlen	$s_n = 1 + 3 + 5 + \ldots + (2n-1) = \sum_{i=1}^{n} (2i-1) = n^2$

Spezielle Summen

Quadratzahlen	$s_n = 1^2 + 2^2 + 3^2 + \ldots + n^2 = \sum_{i=1}^{n} i^2 = \frac{1}{6} n(n+1)(2n+1) = \frac{1}{3} n^3 + \frac{1}{2} n^2 + \frac{1}{6} n$
Kubikzahlen	$s_n = 1^3 + 2^3 + 3^3 + \ldots + n^3 = \sum_{i=1}^{n} i^3 = \frac{1}{4} n^2 (n+1)^2 = \frac{1}{4} n^4 + \frac{1}{2} n^3 + \frac{1}{4} n^2$
4-er Potenzen	$s_n = 1^4 + 2^4 + 3^4 + \ldots + n^4 = \sum_{i=1}^{n} i^4 = \frac{1}{30} n(n+1)(2n+1)(3n^2+3n-1) = \frac{1}{5} n^5 + \frac{1}{2} n^4 + \frac{1}{3} n^3 - \frac{1}{30} n$

Potenzsummen

Eulersche Zahl e	$\lim\limits_{n\to\infty}\left(\frac{1}{0!} + \frac{1}{1!} + \frac{1}{2!} + \ldots + \frac{1}{n!}\right) = \lim\limits_{n\to\infty}\sum_{i=0}^{n} \frac{1}{i!} = e$ $\lim\limits_{n\to\infty}\left(\frac{1}{0!} - \frac{1}{1!} + \frac{1}{2!} - \ldots + (-1)^n \frac{1}{n!}\right) = \lim\limits_{n\to\infty}\sum_{i=0}^{n} (-1)^i \frac{1}{i!} = \frac{1}{e}$
Kreiszahl π	$\lim\limits_{n\to\infty}\left(1 - \frac{1}{3} + \frac{1}{5} - \frac{1}{7} + \ldots + (-1)^n \cdot \frac{1}{2n+1}\right) = \lim\limits_{n\to\infty}\sum_{i=0}^{n} \frac{(-1)^i}{2i+1} = \frac{\pi}{4}$ $\lim\limits_{n\to\infty}\left(1 + \frac{1}{4} + \frac{1}{9} + \ldots + \frac{1}{n^2}\right) = \lim\limits_{n\to\infty}\sum_{i=1}^{n} \frac{1}{i^2} = \frac{\pi^2}{6}$
Harmonische Reihe	$\lim\limits_{n\to\infty}\left(1 + \frac{1}{2} + \frac{1}{3} + \ldots + \frac{1}{n}\right) = \lim\limits_{n\to\infty}\sum_{i=1}^{n} \frac{1}{i} = \infty$ Die Reihe ist divergent.

Besondere Reihen

↗ Eulersche Zahl S. 50

e^x	$e^x = 1 + x + \frac{x^2}{2!} + \frac{x^3}{3!} + \ldots = \sum_{k=0}^{\infty} \frac{x^k}{k!}$
$\sin(x)$	$\sin(x) = 1 - \frac{x^3}{3!} + \frac{x^5}{5!} - \frac{x^7}{7!} + \frac{x^9}{9!} \pm \ldots = \sum_{k=0}^{\infty} (-1)^k \frac{x^{2k+1}}{(2k+1)!}$
$\cos(x)$	$\cos(x) = 1 - \frac{x^2}{2!} + \frac{x^4}{4!} - \frac{x^6}{6!} + \frac{x^8}{8!} \pm \ldots = \sum_{k=0}^{\infty} (-1)^k \frac{x^{2k}}{(2k)!}$

Potenzreihen

$\sum_{k=0}^{\infty} a_k (x - x_0)^k$

Potenzreihen, die für jedes $x \in \mathbb{R}$ konvergieren

Differentialrechnung

Absolute Änderung	$\Delta y = f(b) - f(a)$
Mittlere Änderungsrate	**Differenzenquotient** $\dfrac{\Delta y}{\Delta x} = \dfrac{f(b) - f(a)}{b - a} = \dfrac{f(a + h) - f(a)}{h}$ für $b = a + h$
Geometrische Bedeutung	• **Steigung der Sekante** durch P und Q • **mittlere Steigung** von f in $[a;\,b]$

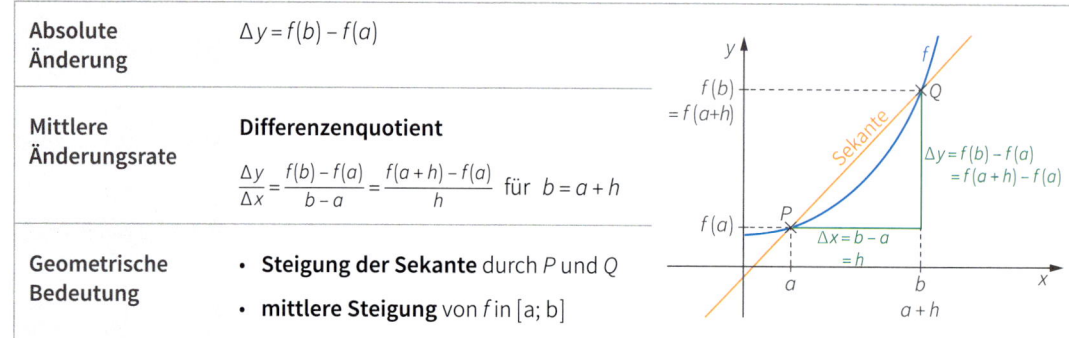

Lokale Änderungsrate	Der Grenzwert des Differenzenquotienten $\displaystyle\lim_{h \to 0} \frac{f(a + h) - f(a)}{h} = \lim_{x \to a} \frac{f(x) - f(a)}{x - a}$ heißt **Differentialquotient**. Er gibt die **lokale Änderungsrate** der Funktion f an der Stelle a an. Wenn x für die Zeit steht, spricht man auch von der **momentanen Änderungsrate**.
Geometrische Bedeutung	Der Differentialquotient gibt für $h \to 0$ den Grenzwert der Sekantensteigungen für $Q \to P$ an. Dies ist die **Steigung der Tangente** bzw. die **lokale Steigung** in $P(a\,|\,f(a))$.

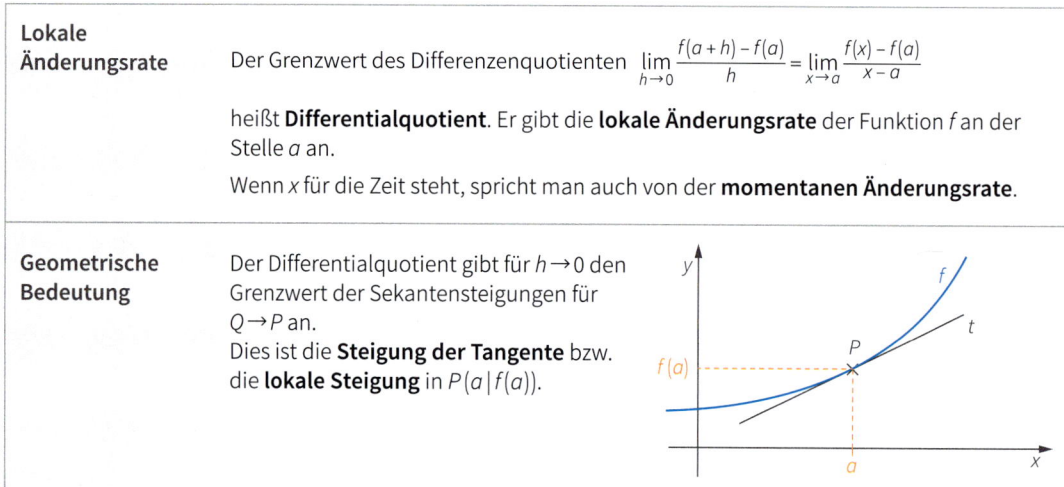

Sekanten-steigungs-funktion	Die **Sekantensteigungsfunktion** $m_{sek}(x) = \dfrac{f(x + h) - f(x)}{h}$ ist für kleine Werte von h (z. B. $h = 0{,}001$) eine sehr gute Näherung der Ableitung.
Ableitungs-funktion	Die **Ableitungsfunktion** f' (kurz: **Ableitung**) ordnet jedem x-Wert die lokale Änderungsrate (lokale Steigung) der Funktion f an der Stelle x zu. $f'(x) = \displaystyle\lim_{h \to 0} \frac{f(x + h) - f(x)}{h}$ oder $f'(x) = \displaystyle\lim_{x \to x_0} \frac{f(x) - f(x_0)}{x - x_0}$ Schreibweisen: $f'(x) = \dfrac{d f(x)}{d x} = \dfrac{d y}{d x} = y'$
Monotonie	Sei f auf einem Intervall I definiert und dort differenzierbar. Dann gilt für alle $x \in I$: $f'(x) \geq 0 \Rightarrow f$ ist **monoton steigend** $\qquad$ $f'(x) > 0 \Rightarrow f$ ist **streng monoton steigend** $f'(x) \leq 0 \Rightarrow f$ ist **monoton fallend** $\qquad$ $f'(x) < 0 \Rightarrow f$ ist **streng monoton fallend**

↗ Monotonie S. 43

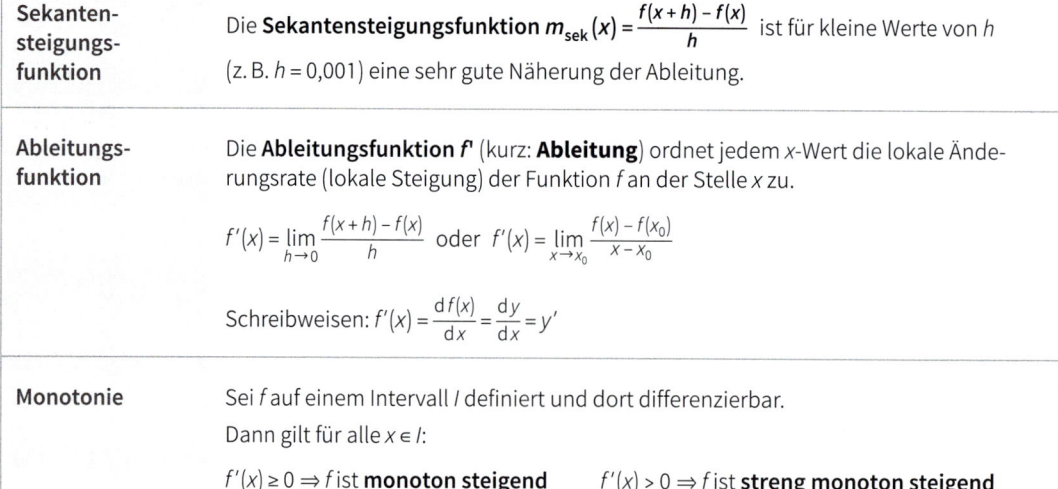

	Funktion	Ableitung der Funktion
Konstantenregel	$f(x) = c$	$f'(x) = 0$
Faktorregel	$f(x) = c \cdot g(x)$	$f'(x) = c \cdot g'(x)$
Summenregel	$f(x) = g(x) \pm h(x)$	$f'(x) = g'(x) \pm h'(x)$
Potenzregel	$f(x) = x^n$	$f'(x) = n \cdot x^{n-1}$
Produktregel	$f(x) = u(x) \cdot v(x)$	$f'(x) = u'(x) \cdot v(x) + u(x) \cdot v'(x)$
Quotientenregel	$f(x) = \dfrac{u(x)}{v(x)}; \quad v(x) \neq 0$	$f'(x) = \dfrac{u'(x) \cdot v(x) - u(x) \cdot v'(x)}{(v(x))^2}$
Kettenregel	$f(x) = u(v(x))$ Spezialfall: $f(x) = u(ax + b)$	$f'(x) = v'(x) \cdot u'(v(x))$ $f'(x) = a \cdot u'(ax + b)$
Umkehrfunktion	f^{-1} ist Umkehrfunktion von f: $\quad f^{-1'}(x) = \dfrac{1}{f'(f^{-1}(x))} \quad$ mit $\quad f'(f^{-1}(x)) \neq 0$	
Regel von L'Hospital	Für eine Funktion f mit $f(x) = \dfrac{u(x)}{v(x)}$ und $u(a) = v(a) = 0$ für eine Stelle a gilt: $\displaystyle\lim_{x \to a} \dfrac{u'(x)}{v'(x)}$ existiert $\Rightarrow \displaystyle\lim_{x \to a} \dfrac{u(x)}{v(x)} = \lim_{x \to a} \dfrac{u'(x)}{v'(x)}$ Die Regel gilt auch, wenn (1) $\displaystyle\lim_{x \to a} u(x) = \pm\infty$ und $\displaystyle\lim_{x \to a} v(x) = \pm\infty \qquad$ (2) $a = \pm\infty$	

Ableitungs-
regeln

$a, b, c \in \mathbb{R}$
$n \in \mathbb{Q}$

Tangente	Gleichung der **Tangente** von f in $P(a \mid f(a))$: $t(x) = f'(a) \cdot (x - a) + f(a)$	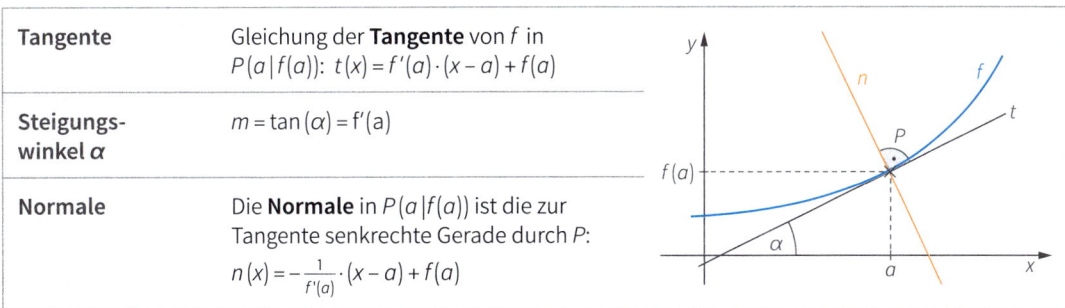
Steigungs- winkel α	$m = \tan(\alpha) = f'(a)$	
Normale	Die **Normale** in $P(a \mid f(a))$ ist die zur Tangente senkrechte Gerade durch P: $n(x) = -\dfrac{1}{f'(a)} \cdot (x - a) + f(a)$	

Tangente,
Normale

Stetigkeit	Eine Funktion f ist **stetig an der Stelle a**, wenn der links- und rechtsseitige Grenzwert gleich dem Funktionswert an dieser Stelle ist. $\displaystyle\lim_{\substack{h \to 0 \\ h > 0}} f(a - h) = \lim_{\substack{h \to 0 \\ h > 0}} f(a + h) = f(a)$ Eine Funktion heißt **stetig**, wenn sie an jeder Stelle ihres Definitionsbereichs stetig ist.
Differenzier- barkeit	Eine stetige Funktion f ist **differenzierbar an der Stelle a**, wenn der Grenzwert des Differenzenquotienten existiert, d. h. der links- und rechtsseitige Grenzwert gleich sind. $\displaystyle\lim_{\substack{h \to 0 \\ h > 0}} \dfrac{f(a + h) - f(a)}{h} = \lim_{\substack{h \to 0 \\ h > 0}} \dfrac{f(a) - f(a - h)}{h}$ Eine Funktion heißt **differenzierbar**, wenn sie an jeder Stelle ihres Definitionsbereichs differenzierbar ist. Es gilt: • f differenzierbar an der Stelle $a \Rightarrow f$ stetig an der Stelle a • f stetig an der Stelle $a \quad\Rightarrow\!\!\!\!\!/\quad f$ differenzierbar an der Stelle a

Stetigkeit,
Differenzier-
barkeit

**Stetigkeit,
Differenzier-
barkeit**

Mittelwertsatz der Differentialrechnung	Mittelwertsatz der Differentialrechnung: f differenzierbar auf $[a;b]$ $\Rightarrow$ Es existiert mindestens eine Stelle $c \in [a;b]$ mit $$f'(c) = \frac{f(b) - f(a)}{b - a}$$
Geometrische Bedeutung	Es gibt in $[a;b]$ eine Stelle c, an der die Steigung der Tangente von f mit der Steigung der Sekante durch $A(a\,|\,f(a))$ und $B(b\,|\,f(b))$ übereinstimmt. 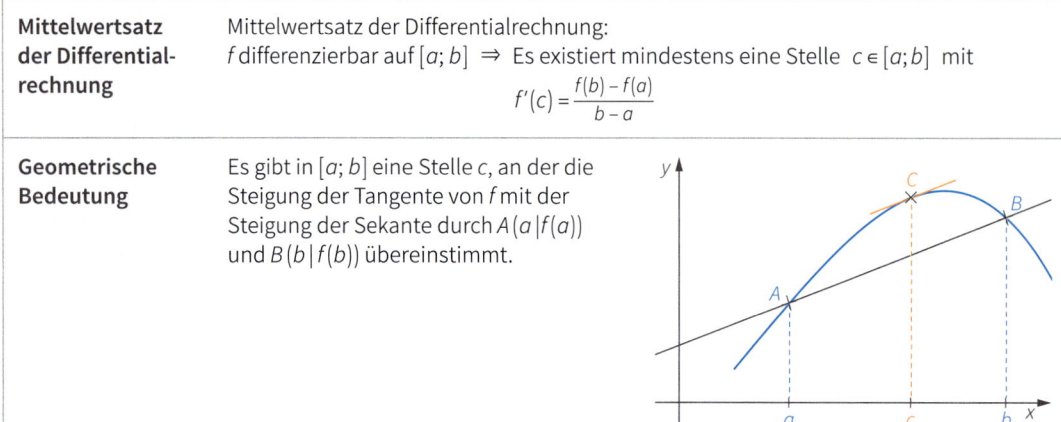

**Untersuchung
von Funktionen
und ihren
Graphen**

Die zweite Ableitung	Die **zweite Ableitung f''** beschreibt das Änderungsverhalten der ersten Ableitung.
Geometrische Bedeutung	Qualitatives Maß für das Krümmungsverhalten $f''(x) < 0$ auf Intervall I: Graph von f ist **rechtsgekrümmt** auf I. $f''(x) > 0$ auf Intervall I: Graph von f ist **linksgekrümmt** auf I.

Verhalten im Unendlichen	**Verhalten ausgewählter Funktionen für**	
	$x \to \infty$	$x \to -\infty$
	$x^n \to \infty$ für $n \geq 1$	$x^n \to \begin{cases} \infty \text{ für } n \text{ gerade} \\ -\infty \text{ für } n \text{ ungerade} \end{cases}$
	$\dfrac{1}{x^n} \to 0$ für $n \geq 1$	$\dfrac{1}{x^n} \to 0$ für $n \geq 1$
	$b^x \to \begin{cases} \infty \text{ für } b > 1 \\ 0 \text{ für } 0 < b < 1 \end{cases}$	$b^x \to \begin{cases} 0 \text{ für } b > 1 \\ \infty \text{ für } 0 < b < 1 \end{cases}$
	$\sqrt[n]{x} \to \infty$ für $n \geq 2$	
	$\log_b x \to \infty$ für $b > 1$	

Symmetrie	**Achsensymmetrie zur y-Achse:** $f(-x) = f(x)$ **Punktsymmetrie zum Ursprung:** $f(-x) = -f(x)$
Nullstellen	Eine Zahl x_0 heißt Nullstelle einer Funktion f, wenn gilt: $f(x_0) = 0$ Schnittpunkt mit der x-Achse: $S_x(x_0\,|\,0)$
Charakteristische Punkte	

Untersuchung von Funktionen und ihren Graphen

Lokale Extremstellen lokales Maximum lokales Minimum	Definition: Die Stelle a heißt **lokale Extremstelle**, wenn für alle x in einer Umgebung von a gilt: $f(x) \le f(a)$ (**lokales Maximum**) bzw. $f(x) \ge f(a)$ (**lokales Minimum**)
	• Notwendiges Kriterium: f hat lokales Extremum an der Stelle a $\Rightarrow$ $f'(a) = 0$
	• Hinreichende Kriterien: (1) $f'(a) = 0$ und f' hat Vorzeichenwechsel (VZW) an der Stelle a $\Rightarrow$ f hat lokales Extremum an der Stelle a
	(2) $f'(a) = 0$ und $f''(a) \ne 0$ $\Rightarrow$ f hat lokales Extremum an der Stelle a

Hochpunkt Tiefpunkt	**lokales Maximum an der Stelle a**	**lokales Minimum an der Stelle a**
	(1) $f'(a) = 0$ und $f''(a) < 0$	(1) $f'(a) = 0$ und $f''(a) > 0$
	(2) $f'(a) = 0$ und f' hat VZW von + nach – an der Stelle a	(2) $f'(a) = 0$ und f' hat VZW von – nach + an der Stelle a
	Hochpunkt $(a\,|\,f(a))$	**Tiefpunkt** $(a\,|\,f(a))$

Globales Maximum und Minimum	Der größte Funktionswert auf einem Intervall $[a;b]$ ist das **globale Maximum**. Der kleinste Funktionswert auf einem Intervall $[a;b]$ ist das **globale Minimum**.

Wendepunkte	Definition: Die Stelle a heißt **Wendestelle**, wenn der Graph von f an der Stelle a sein Krümmungsverhalten ändert. Der zugehörige Punkt $(a\,|\,f(a))$ heißt **Wendepunkt**.
	Es gilt: Wendestellen sind Extremstellen der ersten Ableitung f'.
	• Notwendiges Kriterium: f hat Wendestelle an der Stelle a $\Rightarrow$ $f''(a) = 0$
	• Hinreichende Kriterien: (1) $f''(a) = 0$ und f'' hat Vorzeichenwechsel (VZW) an der Stelle a $\Rightarrow$ f hat Wendestelle an der Stelle a
	(2) $f''(a) = 0$ und $f'''(a) \ne 0$ $\Rightarrow$ f hat Wendestelle an der Stelle a $f'''(a) > 0$: Krümmungswechsel von rechts nach links $f'''(a) < 0$: Krümmungswechsel von links nach rechts

Sattelpunkt	Ein Wendepunkt mit horizontaler Tangente heißt **Sattelpunkt**. Es gilt: $S(a\,|\,f(a))$ ist Sattelpunkt $\Rightarrow$ $f'(a) = 0$ und $f''(a) = 0$

Ganzrationale Funktionen

Definition	**Ganzrationale Funktion vom Grad n:** $f(x) = a_n x^n + a_{n-1} x^{n-1} + \dots + a_1 x + a_0, n \in \mathbb{N}$ Der Funktionsterm einer ganzrationalen Funktion heißt auch **Polynom**.	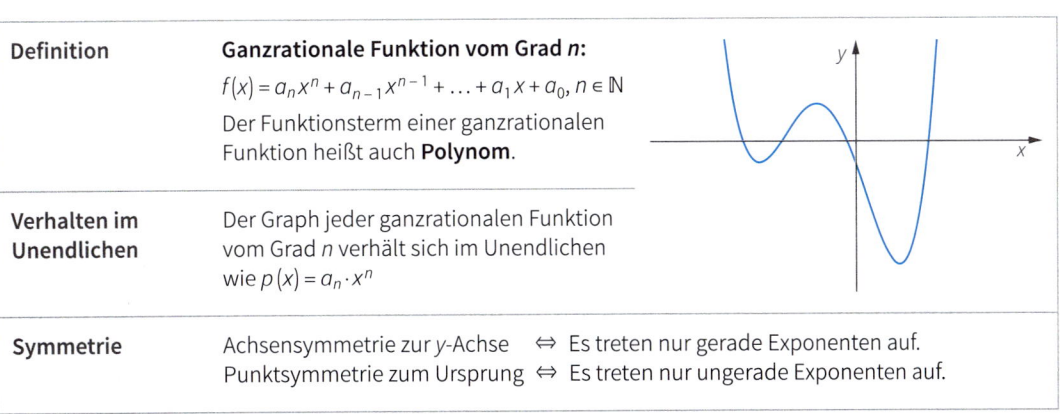
Verhalten im Unendlichen	Der Graph jeder ganzrationalen Funktion vom Grad n verhält sich im Unendlichen wie $p(x) = a_n \cdot x^n$	
Symmetrie	Achsensymmetrie zur y-Achse $\Leftrightarrow$ Es treten nur gerade Exponenten auf. Punktsymmetrie zum Ursprung $\Leftrightarrow$ Es treten nur ungerade Exponenten auf.	

Ganzrationale
Funktionen

Nullstellen	Eine ganzrationale Funktion vom Grad n hat höchstens n Nullstellen.
Linearfaktor Linearfaktor- zerlegung	**Linearfaktorzerlegung:** (1) x_0 ist Nullstelle einer ganzrationalen Funktion vom Grad n $\Rightarrow f(x) = (x - x_0) \cdot g(x)$ $\quad g(x)$ ist der Term einer ganzrationalen Funktion vom Grad $n - 1$. $\quad$ Der Faktor $(x - x_0)$ heißt **Linearfaktor**. (2) Hat eine ganzrationale Funktion vom Grad n auch n Nullstellen, dann gilt: $\quad f(x) = (x - x_1) \cdot (x - x_2) \cdot \ldots \cdot (x - x_n)$
Mehrfache Nullstellen	**Doppelte Nullstelle:** Linearfaktor tritt in Linearfaktorzerlegung zweimal auf. **Dreifache Nullstelle:** Linearfaktor tritt in Linearfaktorzerlegung dreimal auf. Es gilt: x_0 ist doppelte Nullstelle $\Rightarrow$ Der Punkt $(x_0 \mid 0)$ ist lokaler Extrempunkt. x_0 ist dreifache Nullstelle $\Rightarrow$ Der Punkt $(x_0 \mid 0)$ ist Sattelpunkt.
Extremstellen, Wendestellen	Eine ganzrationale Funktion vom Grad n hat höchstens $n - 1$ Extremstellen. Eine ganzrationale Funktion vom Grad n hat höchstens $n - 2$ Wendestellen.

Gebrochen- rationale Funktionen

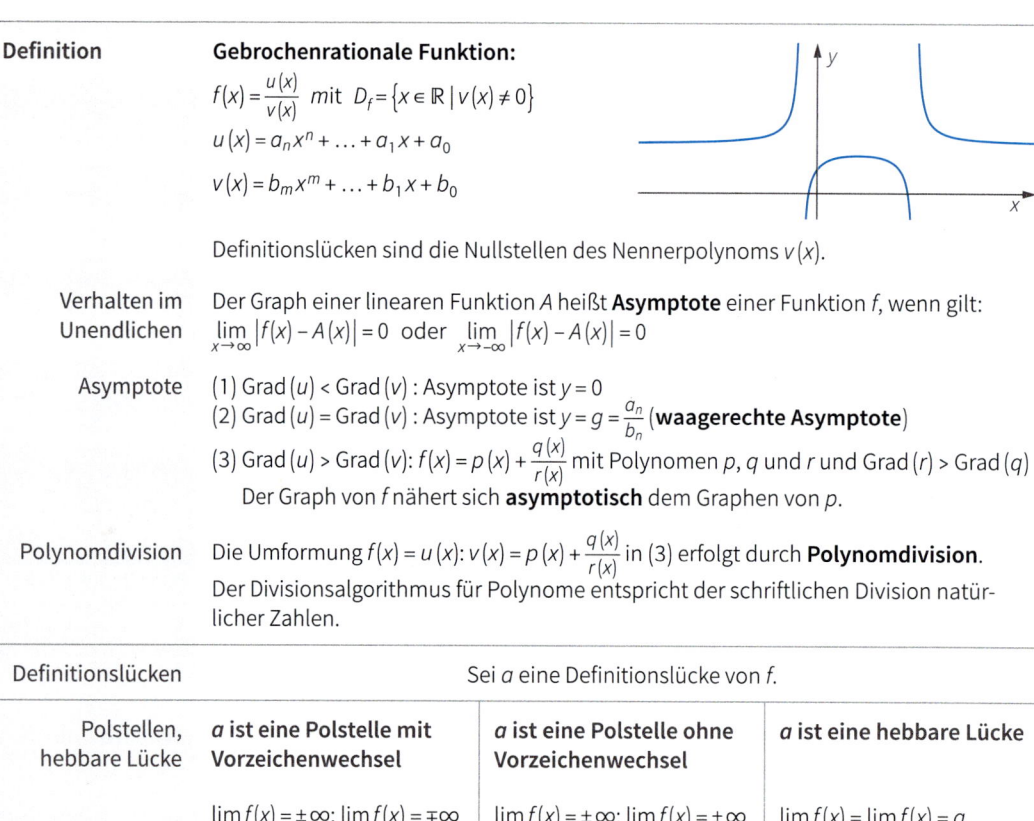

Definition	**Gebrochenrationale Funktion:** $f(x) = \dfrac{u(x)}{v(x)}$ mit $D_f = \{x \in \mathbb{R} \mid v(x) \neq 0\}$ $u(x) = a_n x^n + \ldots + a_1 x + a_0$ $v(x) = b_m x^m + \ldots + b_1 x + b_0$ Definitionslücken sind die Nullstellen des Nennerpolynoms $v(x)$.
Verhalten im Unendlichen	Der Graph einer linearen Funktion A heißt **Asymptote** einer Funktion f, wenn gilt: $\lim\limits_{x \to \infty} \lvert f(x) - A(x) \rvert = 0$ oder $\lim\limits_{x \to -\infty} \lvert f(x) - A(x) \rvert = 0$
Asymptote	(1) Grad(u) < Grad(v) : Asymptote ist $y = 0$ (2) Grad(u) = Grad(v) : Asymptote ist $y = g = \dfrac{a_n}{b_n}$ (**waagerechte Asymptote**) (3) Grad(u) > Grad(v): $f(x) = p(x) + \dfrac{q(x)}{r(x)}$ mit Polynomen p, q und r und Grad(r) > Grad(q) $\quad$ Der Graph von f nähert sich **asymptotisch** dem Graphen von p.
Polynomdivision	Die Umformung $f(x) = u(x) : v(x) = p(x) + \dfrac{q(x)}{r(x)}$ in (3) erfolgt durch **Polynomdivision**. Der Divisionsalgorithmus für Polynome entspricht der schriftlichen Division natür- licher Zahlen.

Definitionslücken	Sei a eine Definitionslücke von f.

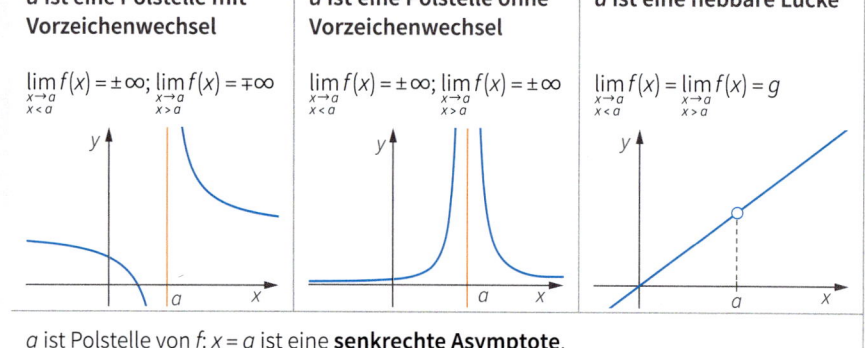

Polstellen, hebbare Lücke	**a ist eine Polstelle mit Vorzeichenwechsel**	**a ist eine Polstelle ohne Vorzeichenwechsel**	**a ist eine hebbare Lücke**
	$\lim\limits_{\substack{x \to a \\ x < a}} f(x) = \pm\infty; \lim\limits_{\substack{x \to a \\ x > a}} f(x) = \mp\infty$	$\lim\limits_{\substack{x \to a \\ x < a}} f(x) = \pm\infty; \lim\limits_{\substack{x \to a \\ x > a}} f(x) = \pm\infty$	$\lim\limits_{\substack{x \to a \\ x < a}} f(x) = \lim\limits_{\substack{x \to a \\ x > a}} f(x) = g$

a ist Polstelle von f: $x = a$ ist eine **senkrechte Asymptote**.

Die e-Funktion	$f(x) = e^x$	
	Es gilt:	
	(1) $f'(x) = e^x$	
allgemeine Exponential-funktion b^x	(2) **Basiswechsel:** $b^x = e^{\ln b \cdot x}$; $b > 0$	
	(3) $e^x \rightarrow \begin{cases} \infty \text{ für } x \to \infty \\ 0 \text{ für } x \to -\infty \end{cases}$; x-Achse ist Asymptote	
Die Zahl e	$e = \lim\limits_{n \to \infty} \left(1 + \dfrac{1}{n}\right)^n = 2,7182818\ldots$; e heißt **Eulersche Zahl**	
Der natürliche Logarithmus	Der Logarithmus zur Basis e heißt **natürlicher Logarithmus**, Bezeichnung: $\ln(a) = \log_e(a)$; $a > 0$ Es gilt: $e^x = a \Rightarrow x = \ln(a)$.	
Die ln-Funktion	Die **natürliche Logarithmusfunktion** $f(x) = \ln(x)$; $x > 0$ ist die Umkehrfunktion der e-Funktion. Es gilt: (1) $f'(x) = \dfrac{1}{x}$ (2) $\ln(x) \rightarrow \begin{cases} \infty \text{ für } x \to \infty \\ -\infty \text{ für } x \to 0 \end{cases}$; y-Achse ist senkrechte Asymptote (3) Nullstelle: $x = 1$	
Grenzwerte	(1) $\dfrac{e^x}{x^n} \rightarrow \infty$ für $x \to \infty$ (2) $\lim\limits_{x \to \infty} \dfrac{x^n}{e^x} = 0$ (3) $\lim\limits_{x \to \infty} \dfrac{\ln(x)}{x^n} = 0$ (4) $\dfrac{x^n}{\ln(x)} \rightarrow \infty$ für $x \to \infty$	

e-Funktion, ln-Funktion

↗ *Exponential-gleichung S. 22*

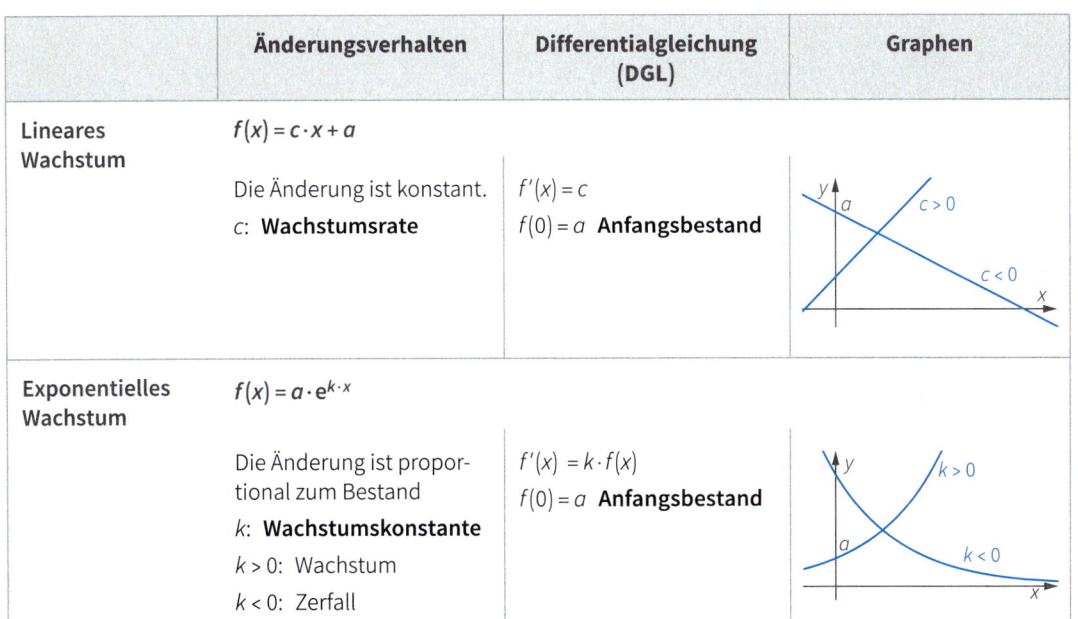

	Änderungsverhalten	**Differentialgleichung (DGL)**	**Graphen**
Lineares Wachstum	$f(x) = c \cdot x + a$		
	Die Änderung ist konstant. c: **Wachstumsrate**	$f'(x) = c$ $f(0) = a$ **Anfangsbestand**	
Exponentielles Wachstum	$f(x) = a \cdot e^{k \cdot x}$		
	Die Änderung ist propor-tional zum Bestand k: **Wachstumskonstante** $k > 0$: Wachstum $k < 0$: Zerfall	$f'(x) = k \cdot f(x)$ $f(0) = a$ **Anfangsbestand**	

Wachstums-prozesse

Wachstums-prozesse

Begrenztes Wachstum	$f(x) = (a - g) \cdot e^{-k \cdot x} + g$		
	Die Änderung ist proportional zum möglichen Restbestand	$f'(x) = k \cdot (g - f(x))$ $f(0) = a$ **Anfangsbestand** g: **Grenzbestand**	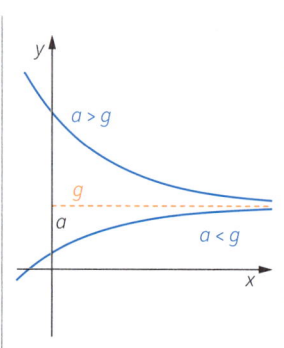
	k: **Wachstumskonstante** $k > 0$: Wachstum $k < 0$: Zerfall		

Logistisches Wachstum	$f(x) = \dfrac{a \cdot g}{a + (g - a) \cdot e^{-k \cdot g \cdot x}}$		
	Die Änderung ist proportional zum Bestand und zum möglichen Restbestand.	$f'(x) = k \cdot f(x) \cdot (g - f(x))$ $f(0) = a$ **Anfangsbestand** Für $a < g$ gilt: Wendestelle x_w: $f(x_w) = \dfrac{g}{2}$ g: **Grenzbestand** k: **Wachstumskonstante**	

Integralrechnung

Begriffe

Stammfunktion	Eine Funktion F heißt **Stammfunktion von f**	$\Leftrightarrow$	(1) F ist differenzierbar (2) $F'(x) = f(x)$
	Es gilt: F ist Stammfunktion von f	$\Rightarrow$	$G(x) = F(x) + c; \quad c \in \mathbb{R}$ ist die Menge aller Stammfunktionen
unbestimmtes Integral	Die Menge aller Stammfunktionen wird auch **unbestimmtes Integral** genannt. Man schreibt $\int f(x)\,dx = F(x) + c$		

orientierter Flächeninhalt	Flächenstücke, die oberhalb der x-Achse liegen, werden positiv gezählt, Flächenstücke, die unterhalb liegen, negativ.	
bestimmtes Integral	Der **orientierte Flächeninhalt** unter einer differenzierbaren Funktion f im Intervall $[a; b]$ heißt **bestimmtes Integral**.	
	Bezeichnung: $\displaystyle\int_a^b f(x)\,dx$	a, b: **Integrationsgrenzen** a: **untere Grenze** b: **obere Grenze** f: **Integrand**
integrierbar	Eine Funktion f heißt **integrierbar** auf dem Intervall $[a; b]$, wenn das bestimmte Integral auf $[a; b]$ existiert.	

Integral als Grenzwert	Das Integral als Grenzwert von Produktsummen. Das bestimmte Integral ist der Grenzwert der Produktsummen (Flächeninhalte der Rechtecke) für $n \to \infty$: $$\int_a^b f(x)\,dx = \lim_{n \to \infty} \sum_{k=1}^n f(x_k) \cdot \Delta x$$	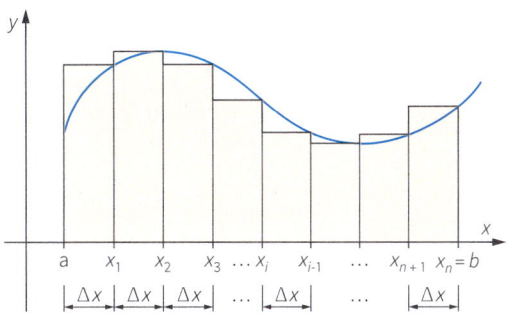

Begriffe

Integralfunktion	Die Funktion, die jedem x den Wert des Integrals zwischen einer beliebigen unteren Grenze a und der variablen oberen Grenze x zuordnet, heißt **Integralfunktion**. $I_a(x) = \int_a^x f(t)\,dt$. Bestimmte Integrale sind Funktionswerte der Integralfunktion.

Hauptsatz	I_a ist Integralfunktion einer stetigen Funktion f. Dann gelten: (1) $I_a{}'(x) = f(x)$ (2) $I_a(b) = \int_a^b f(x)\,dx = \left[F(x)\right]_a^b = F(b) - F(a);$ F ist eine Stammfunktion von f

Hauptsatz der Differential- und Integralrechnung

Rechenregeln	Es seien f und g auf $I = [a;b]$ integrierbare Funktionen. (1) $\int_a^a f(x)\,dx = 0$ (2) $\int_a^b f(x)\,dx = -\int_b^a f(x)\,dx$
Additivität	(3) $\int_a^b f(x)\,dx = \int_a^c f(x)\,dx + \int_c^b f(x)\,dx;$ $c \in [a;b]$
Linearität	(4) $\int_a^b k \cdot f(x)\,dx = k \cdot \int_a^b f(x)\,dx$ (5) $\int_a^b f(x) + g(x)\,dx = \int_a^b f(x)\,dx + \int_a^b g(x)\,dx$
Mittelwertsatz der Integralrechnung	**Mittelwertsatz der Integralrechnung:** f stetig auf $[a;b]$ $\Rightarrow$ Es existiert mindestens eine Stelle $c \in [a;b]$ mit $$\int_a^b f(x)\,dx = f(c) \cdot (b-a)$$
Geometrische Bedeutung	Es gibt in $[a;b]$ eine Stelle c, so dass das Rechteck mit den Seitenlängen $f(c)$ und $b-a$ den gleichen Flächeninhalt hat wie die Fläche unter dem Graphen von f in $[a;b]$. $f(c)$ ist der **Mittelwert der Funktion** in $[a;b]$. 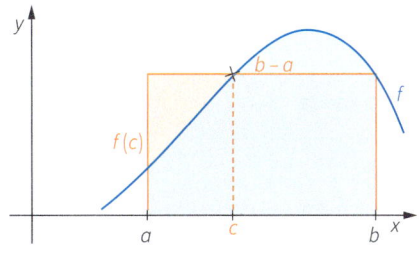

Eigenschaften von Integralen

Partielle Integration	**Partielle Integration** (Umkehrung der Produktregel)

$$\int_a^b f'(x) \cdot g(x)\, dx = [f(x) \cdot g(x)]_a^b - \int_a^b f(x) \cdot g'(x)\, dx = f(b) \cdot g(b) - f(a) \cdot g(a) - \int_a^b f(x) \cdot g'(x)\, dx$$

Kurzform: $\int u \cdot v'\, dx = u \cdot v - \int u' \cdot v\, dx$

Spezialfall: $f'(x) = 1$: $\int_a^b g(x)\, dx = [x \cdot g(x)]_a^b - \int_a^b x \cdot g'(x)\, dx$

Substitutions-regel	**Integrieren durch Substitution** (Umkehrung der Kettenregel)

$$\int_a^b f(g(t)) \cdot g'(t)\, dt = \int_{g(a)}^{g(b)} f(x)\, dx \quad \text{mit} \quad x = g(t) \text{ und } dx = g'(t)\, dt$$

Lineare Substitution	Spezialfall: Substitution: $t = g(x) = mx + n$ (lineare Substitution)

$$\int_a^b f(mx + n)\, dx = \frac{1}{m} \cdot \int_{ma+n}^{mb+n} f(t)\, dt \quad \text{mit} \quad t = mx + n \text{ und } dt = m \cdot dx$$

Uneigentliche Integrale	Definition: Ein Integral heißt **uneigentliches Integral**, wenn eine Grenze „∞" oder eine Definitionslücke x_0 ist.

$$(1)\ \int_a^\infty f(x)\, dx = \lim_{k \to \infty} \int_a^k f(x)\, dx \qquad\qquad (2)\ \int_a^{x_0} f(x)\, dx = \lim_{k \to x_0} \int_a^k f(x)\, dx$$

Existieren die Grenzwerte, sagt man, dass das uneigentliche Integral existiert.

Geometrische Bedeutung	Untersuchung unbegrenzter Flächen.

Rekonstruktion des Bestandes	Ist die Änderung eines Prozesses im Intervall $[a; b]$ durch die Funktion f gegeben, dann gibt $\int_a^b f(x)\, dx$ die Bestandsentwicklung in $[a; b]$ an.

Flächen-bestimmungen	(1) Fläche zwischen dem Graphen von f und der x-Achse in $[a; b]$

$$A = \left| \int_a^{x_1} f(x)\, dx \right| + \left| \int_{x_1}^b f(x)\, dx \right|$$

(2) Fläche zwischen den Graphen von zwei Funktionen f und g

$$A = \left| \int_{x_1}^{x_2} f(x) - g(x)\, dx \right| + \left| \int_{x_2}^{x_3} f(x) - g(x)\, dx \right|$$

Bogenlänge	Bogenlänge einer differenzierbaren Funktion f in $[a; b]$:

$$L = \int_a^b \sqrt{1 + (f'(x))^2}\, dx$$

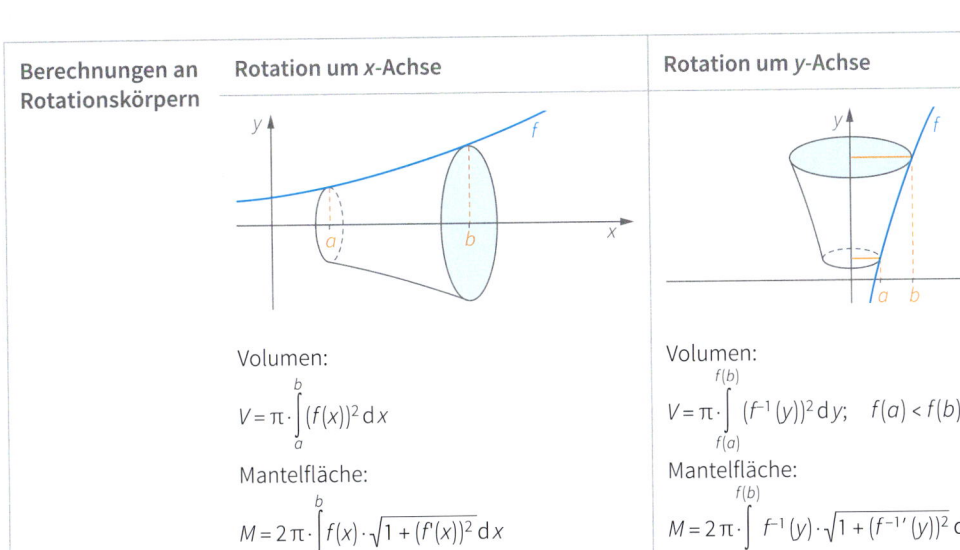

Berechnungen an Rotationskörpern	Rotation um x-Achse	Rotation um y-Achse
	Volumen: $$V = \pi \cdot \int_a^b (f(x))^2 \, dx$$	**Volumen:** $$V = \pi \cdot \int_{f(a)}^{f(b)} (f^{-1}(y))^2 \, dy; \quad f(a) < f(b)$$
	Mantelfläche: $$M = 2\pi \cdot \int_a^b f(x) \cdot \sqrt{1 + (f'(x))^2} \, dx$$	**Mantelfläche:** $$M = 2\pi \cdot \int_{f(a)}^{f(b)} f^{-1}(y) \cdot \sqrt{1 + (f^{-1'}(y))^2} \, dy$$

Anwendungen der Integralrechnung

f^{-1} ist Umkehrfunktion von f.

Übersicht: Ableitungen und Stammfunktionen

$f(x)$	$f'(x)$	$f''(x)$	$F(x)$
$f(x) = x^n; \quad n \neq -1$	$f'(x) = n \cdot x^{n-1}$	$f''(x) = (n-1) \cdot n \cdot x^{n-2}$	$F(x) = \frac{1}{n+1} \cdot x^{n+1}$
$f(x) = (a \cdot x + b)^n$	$f'(x) = n \cdot a \cdot (ax+b)^{n-1}$	$f''(x) = (n-1) \cdot n \cdot a^2 (ax+b)^{n-2}$	$F(x) = \frac{(ax+b)^{n+1}}{a \cdot (n+1)}$
$f(x) = \frac{1}{x}$	$f'(x) = -\frac{1}{x^2}$	$f''(x) = \frac{2}{x^3}$	$F(x) = \ln(|x|)$
$f(x) = \sqrt{x}$	$f'(x) = \frac{1}{2\sqrt{x}}$	$f''(x) = \frac{-1}{4\sqrt{x^3}}$	$F(x) = \frac{2}{3} \cdot \sqrt{x^3}$
$f(x) = e^x$	$f'(x) = e^x$	$f''(x) = e^x$	$F(x) = e^x$
$f(x) = b^x$	$f'(x) = \ln(b) \cdot b^x$	$f''(x) = (\ln(b))^2 \cdot b^x$	$F(x) = \frac{1}{\ln(b)} \cdot b^x$
$f(x) = \ln(x)$	$f'(x) = \frac{1}{x}$	$f''(x) = -\frac{1}{x^2}$	$F(x) = x \cdot (\ln(x) - 1)$
$f(x) = \log_b(x)$	$f'(x) = \frac{1}{\ln(b) \cdot x}$	$f''(x) = -\frac{1}{\ln(b) \cdot x^2}$	$F(x) = \frac{x}{\ln(b)} \cdot (\ln(x) - 1)$
$f(x) = \sin(x)$	$f'(x) = \cos(x)$	$f''(x) = -\sin(x)$	$F(x) = -\cos(x)$
$f(x) = \cos(x)$	$f'(x) = -\sin(x)$	$f''(x) = -\cos(x)$	$F(x) = \sin(x)$
$f(x) = \tan(x)$	$f'(x) = \frac{1}{(\cos(x))^2} = 1 + (\tan(x))^2$	$f''(x) = 2 \cdot \tan(x)(1 + (\tan(x))^2)$	$F(x) = -\ln(|\cos(x)|)$
$f(x) = \arcsin(x) = \sin^{-1}(x)$	$f'(x) = \frac{1}{\sqrt{1-x^2}}$	$f''(x) = \frac{x}{(1-x^2) \cdot \sqrt{1-x^2}}$	$F(x) = x \cdot \sin^{-1}(x) + \sqrt{1-x^2}$
$f(x) = \arccos(x) = \cos^{-1}(x)$	$f'(x) = \frac{-1}{\sqrt{1-x^2}}$	$f''(x) = \frac{-x}{(1-x^2) \cdot \sqrt{1-x^2}}$	$F(x) = x \cdot \cos^{-1}(x) - \sqrt{1-x^2}$
$f(x) = \arctan(x) = \tan^{-1}(x)$	$f'(x) = \frac{1}{1+x^2}$	$f''(x) = \frac{-2x}{(1+x^2)^2}$	$F(x) = x \cdot \tan^{-1}(x) - \frac{1}{2}\ln(x^2+1)$

Ableitungen und Stammfunktionen spezieller Funktionen

Näherungsverfahren

Regula falsi

Regula falsi (Sekantenverfahren)

Wenn a und b zwei Näherungswerte für eine Nullstelle x_0 von $f(x)$ sind und $f(a)$ und $f(b)$ verschiedene Vorzeichen haben, dann ist

$$x_s = a - \frac{f(a) \cdot (b-a)}{f(b) - f(a)}$$

ein besserer Näherungswert.

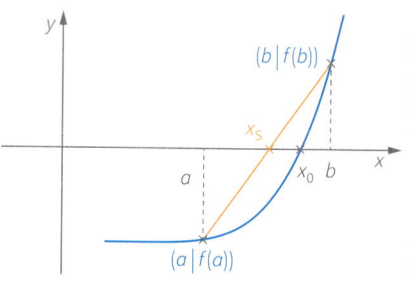

Newton'sches Verfahren

Newton'sches Verfahren

Wenn x_n ein Näherungswert für eine Nullstelle x_0 von $f(x)$ ist, dann liefert die Iterationsvorschrift

$$x_{n+1} = x_n - \frac{f(x_n)}{f'(x_n)}$$

meist einen besseren Näherungswert.

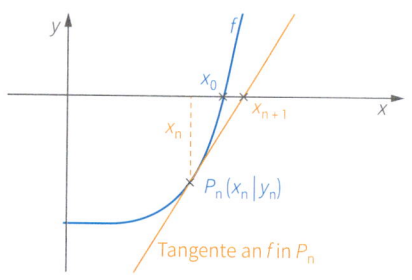

Rechteckverfahren

Näherungsweise Bestimmung der Fläche unter der Kurve mithilfe von Rechtecken.

$$\int_a^b f(x)\,dx \approx f(x_1) \cdot \Delta x + f(x_2) \cdot \Delta x + \dots + f(x_n) \cdot \Delta x$$

$$= \sum_{k=1}^{n} f(x_k) \cdot \Delta x$$

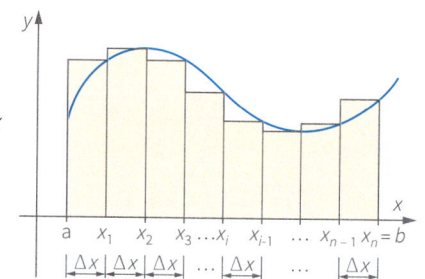

Trapezverfahren

Trapezsumme $T_n = \dfrac{d}{2} \cdot \displaystyle\sum_{k=1}^{n} \left(f(x_{k-1}) + f(x_k) \right)$

Mit $d = \dfrac{b-a}{n}$ gilt:

$$\int_a^b f(x)\,dx \approx \frac{d}{2} \cdot \sum_{k=1}^{n} \left(f(x_{k-1}) + f(x_k) \right)$$

$$= d \cdot \left(\frac{f(x_0) + f(x_n)}{2} + \sum_{k=1}^{n-1} f(x_k) \right)$$

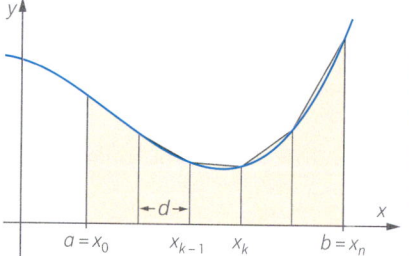

Kepler'sche Fassregel

$$\int_a^b f(x)\,dx \approx \frac{b-a}{6} \cdot \left(f(a) + 4 \cdot f\left(\frac{a+b}{2} \right) + f(b) \right)$$

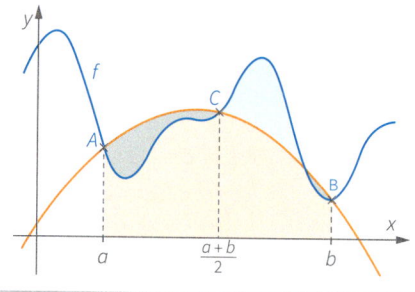

Vektoren

Kartesisches Koordinatensystem im Raum	**Kartesisches Koordinatensystem im Raum**

- x, y, z oder x_1, x_2, x_3:
  senkrecht zueinander verlaufende
  Koordinatenachsen
- $O(0 \mid 0 \mid 0)$:
  Ursprung (Origo)
- xy; xz; yz:
  Koordinatenebenen, teilen den Raum
  in acht **Oktanden**.
- Zahlentripel $(x_P \mid y_P \mid z_P)$:
  Koordinaten x_P, y_P und z_P des Punktes P.

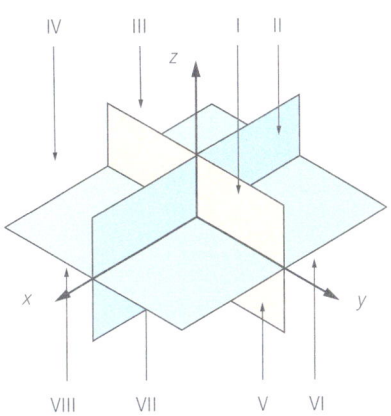

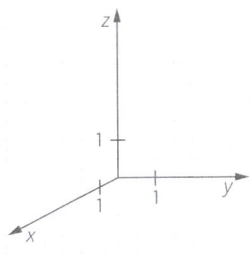 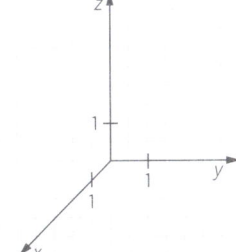 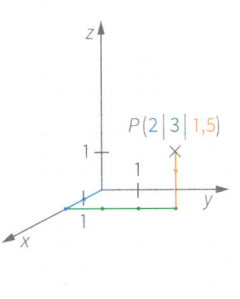

„2-1-Koordinatensystem"   „1-1-Koordinatensystem"

Definitionen	Ein **Vektor** ist die Menge aller Pfeile mit der gleichen Länge, Richtung und Orientierung. Ein einzelner Pfeil aus dieser Menge heißt **Repräsentant**. Vektoren können als Verschiebungen in Ebene und Raum interpretiert werden.

Bezeichnungen:
(1) $\vec{a}$ (2) $\overrightarrow{AB}$; A: Anfangspunkt, B Zielpunkt

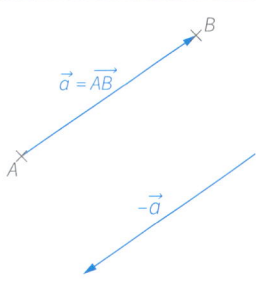

Nullvektor	• Der **Nullvektor** $\vec{0}$ ist der Vektor mit der Länge 0.
Gegenvektor	• Der **Gegenvektor** $-\vec{a}$ zu einem Vektor $\vec{a}$ ist der Vektor, der parallel zu $\vec{a}$ ist aber entgegengesetzt gerichtet (anders orientiert)
Länge	• Die **Länge** eines Vektors wird mit $\lvert \vec{a} \rvert = \lvert \overrightarrow{AB} \rvert$ bezeichnet.
	• Ein Vektor der Länge 1 heißt **Einheitsvektor** $\vec{a_0}$.
	Berechnung eines zu $\vec{a}$ gehörenden Einheitsvektors: $\vec{a_0} = \dfrac{\vec{a}}{\lvert \vec{a} \rvert}$; $\lvert \vec{a_0} \rvert = 1$

Vektoren

Beschreibung von Vektoren im Koordinatensystem	
in der Ebene $\mathbb{R}^2$ $\vec{a} = \begin{pmatrix} a_x \\ a_y \end{pmatrix}$ 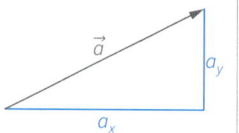 Länge: $\lvert \vec{a} \rvert = \sqrt{a_x^2 + a_y^2}$	$\overrightarrow{AB} = \begin{pmatrix} x_B - x_A \\ y_B - y_A \end{pmatrix}$ $B\,(x_B \mid y_B)$ $A\,(x_A \mid y_A)$ Länge: $\lvert \overrightarrow{AB} \rvert = \sqrt{(x_B - x_A)^2 + (y_B - y_A)^2}$
im Raum $\mathbb{R}^3$ $\vec{a} = \begin{pmatrix} a_x \\ a_y \\ a_z \end{pmatrix}$ 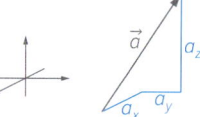 Länge: $\lvert \vec{a} \rvert = \sqrt{a_x^2 + a_y^2 + a_z^2}$ $a_x;\ a_y;\ a_z$ heißen **Komponenten** des Vektors $\vec{a} = \begin{pmatrix} a_x \\ a_y \\ a_z \end{pmatrix}$	$\overrightarrow{AB} = \begin{pmatrix} x_B - x_A \\ y_B - y_A \\ z_B - z_A \end{pmatrix}$ $B\,(x_B \mid y_B \mid z_B)$ 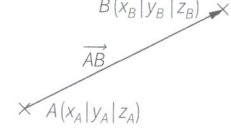 $A\,(x_A \mid y_A \mid z_A)$ Länge: $\lvert \overrightarrow{AB} \rvert = \sqrt{(x_B - x_A)^2 + (y_B - y_A)^2 + (z_B - z_A)^2}$
Ortsvektor	Mit Vektoren können auch Punkte im Koordinatensystem gekennzeichnet werden. $\vec{p} = \overrightarrow{OP} = \begin{pmatrix} x_P \\ y_P \\ z_P \end{pmatrix}$ kennzeichnet den Punkt $P\,(x_P \mid y_P \mid z_P)$. Dieser Vektor heißt **Ortsvektor $\vec{p}$** zum Punkt P. Länge von $\vec{p}$: $\lvert \vec{p} \rvert = \sqrt{x_P^2 + y_P^2 + z_P^2}$ 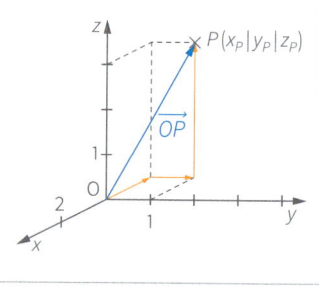

Addition, Subtraktion, S-Multiplikation

Addition Subtraktion	$\vec{a} \pm \vec{b} = \begin{pmatrix} a_x \\ a_y \\ a_z \end{pmatrix} \pm \begin{pmatrix} b_x \\ b_y \\ b_z \end{pmatrix} = \begin{pmatrix} a_x \pm b_x \\ a_y \pm b_y \\ a_z \pm b_z \end{pmatrix}$ 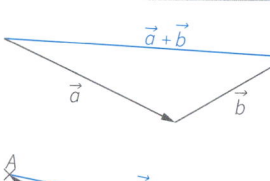 Differenzvektor: $\overrightarrow{AB} = \overrightarrow{OB} - \overrightarrow{OA} = \vec{b} - \vec{a}$ 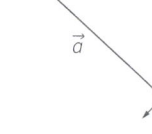 Spezialfälle: (1) $\vec{a} \pm \vec{0} = \vec{a}$ (2) $\vec{0} \pm \vec{a} = \pm\vec{a}$ (3) $\vec{a} + (-\vec{a}) = \vec{0}$
S-Multiplikation	Multiplikation einer reellen Zahl mit einem Vektor $s \cdot \vec{a} = s \cdot \begin{pmatrix} a_x \\ a_y \\ a_z \end{pmatrix} = \begin{pmatrix} s \cdot a_x \\ s \cdot a_y \\ s \cdot a_z \end{pmatrix};\quad s \in \mathbb{R}$ $s > 0$: $s \cdot \vec{a}$ ist gleichgerichtet $s < 0$: $s \cdot \vec{a}$ ist entgegengesetzt gerichtet. Spezialfälle: (1) $1 \cdot \vec{a} = \vec{a}$ (2) $0 \cdot \vec{a} = \vec{0}$ (3) $r \cdot \vec{0} = \vec{0}$ (4) $-s \cdot \vec{a} = s \cdot (-\vec{a})$
Rechengesetze $r, s \in \mathbb{R}$	(1) $\vec{a} + \vec{b} = \vec{b} + \vec{a}$ (2) $\vec{a} + (-\vec{b}) = \vec{a} - \vec{b}$ (3) $(\vec{a} + \vec{b}) + \vec{c} = \vec{a} + (\vec{b} + \vec{c})$ (4) $r \cdot (s \cdot \vec{a}) = (r \cdot s) \cdot \vec{a}$ (5) $s \cdot (\vec{a} + \vec{b}) = s \cdot \vec{a} + s \cdot \vec{b}$ (6) $(r + s) \cdot \vec{a} = r \cdot \vec{a} + s \cdot \vec{a}$

Linear-kombination von Vektoren	Ein Ausdruck der Form $r_1 \cdot \vec{a}_1 + r_2 \cdot \vec{a}_2 + r_3 \cdot \vec{a}_3 + \ldots + r_n \cdot \vec{a}_n$ heißt Linearkombination der Vektoren $\vec{a}_1, \vec{a}_2, \vec{a}_3, \ldots, \vec{a}_n$; $r_i \in \mathbb{R}$
Lineare Unabhängigkeit	Die Vektoren $\vec{a}_1, \vec{a}_2, \vec{a}_3, \ldots, \vec{a}_n$ $\Leftrightarrow$ Die Gleichung $r_1 \cdot \vec{a}_1 + r_2 \cdot \vec{a}_2 + r_3 \cdot \vec{a}_3 + \ldots + r_n \cdot \vec{a}_n = \vec{0}$ sind **linear unabhängig**. hat nur die Lösung $r_1 = r_2 = r_3 = \ldots = r_n = 0$ Andernfalls sind die Vektoren **linear abhängig**. Es gilt: (1) Wenn einer der Vektoren $\vec{a}_1, \vec{a}_2, \vec{a}_3, \ldots, \vec{a}_n$ der Nullvektor ist, sind die Vektoren linear abhängig. (2) In der Ebene $\mathbb{R}^2$ sind drei Vektoren immer linear abhängig. (3) Im Raum $\mathbb{R}^3$ sind vier Vektoren immer linear abhängig.
Kollinearität	Zwei Vektoren $\vec{a}$ und $\vec{b}$ sind **kollinear** $\Leftrightarrow \vec{b} = s \cdot \vec{a}$ $\quad (\vec{a} \neq \vec{0}; \vec{b} \neq \vec{0})$ Geometrische Bedeutung: $\vec{a}$ und $\vec{b}$ sind parallel.
Komplanarität	Drei Vektoren $\vec{a}, \vec{b}$ und $\vec{c}$ sind **komplanar.** $\Leftrightarrow \vec{c} = r \cdot \vec{a} + s \cdot \vec{b}$ $\quad (\vec{a} \neq \vec{0}; \vec{b} \neq \vec{0}; \vec{c} \neq \vec{0})$ Geometrische Bedeutung: $\vec{a}, \vec{b}$ und $\vec{c}$ liegen in einer Ebene.

Skalarprodukt	$\vec{a} * \vec{b} = \begin{pmatrix} a_1 \\ a_2 \\ a_3 \end{pmatrix} * \begin{pmatrix} b_1 \\ b_2 \\ b_3 \end{pmatrix} = a_1 \cdot b_1 + a_2 \cdot b_2 + a_3 \cdot b_3$ heißt **Skalarprodukt** von $\vec{a}$ und $\vec{b}$. Das Skalarprodukt ist eine reelle Zahl. Geometrische Bedeutungen:
Projektion	$\vec{a} * \vec{b} = \vec{a} * \vec{b_{\vec{a}}}$
Winkel	$\cos(\gamma) = \dfrac{\vec{a} * \vec{b}}{\lvert \vec{a} \rvert \cdot \lvert \vec{b} \rvert}$

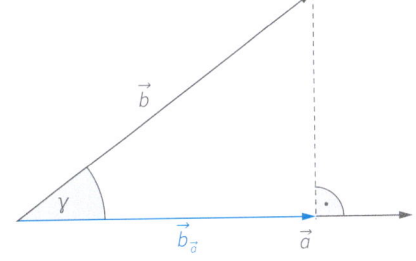

Orthogonalität	$\vec{a} * \vec{b} = 0 \Leftrightarrow \vec{a} \perp \vec{b} \quad (\gamma = 90°)$
Länge	Länge eines Vektors: $\vec{a} * \vec{a} = \lvert \vec{a} \rvert^2$, also $\lvert \vec{a} \rvert = \sqrt{\vec{a} * \vec{a}}$
Kollineare Vektoren	$\vec{a}$ und $\vec{b}$ kollinear $\Rightarrow \vec{a} * \vec{b} = \begin{cases} \lvert \vec{a} \rvert \cdot \lvert \vec{b} \rvert & \text{wenn } \vec{a} \text{ und } \vec{b} \text{ gleichgerichtet} \\ -\lvert \vec{a} \rvert \cdot \lvert \vec{b} \rvert & \text{wenn } \vec{a} \text{ und } \vec{b} \text{ entgegengesetzt gerichtet} \end{cases}$
Rechengesetze	(1) $\vec{a} * \vec{b} = \vec{b} * \vec{a}$ (2) $(s \cdot \vec{a}) * \vec{b} = s \cdot (\vec{a} * \vec{b})$ (3) $(\vec{a} + \vec{b}) * \vec{c} = \vec{a} * \vec{c} + \vec{b} * \vec{c}$ $\quad (s \in \mathbb{R})$

Multiplikation von Vektoren

Vektorprodukt (Kreuzprodukt)

$$\vec{a} \times \vec{b} = \begin{pmatrix} a_1 \\ a_2 \\ a_3 \end{pmatrix} \times \begin{pmatrix} b_1 \\ b_2 \\ b_3 \end{pmatrix} = \begin{pmatrix} a_2 b_3 - a_3 b_2 \\ a_3 b_1 - a_1 b_3 \\ a_1 b_2 - a_2 b_1 \end{pmatrix}$$ heißt **Vektorprodukt** von $\vec{a}$ und $\vec{b}$

Das Vektorprodukt ist ein Vektor.

Spezialfälle: $\vec{a} \times \vec{a} = \vec{0}$; $\vec{a} \times \vec{0} = \vec{0} \times \vec{a} = \vec{0}$

Rechtssystem $\vec{a}, \vec{b}, \vec{a} \times \vec{b}$ bilden in der Reihenfolge ein Rechtssystem.

Geometrische Bedeutungen:

Winkel Winkel: $|\vec{a} \times \vec{b}| = |\vec{a}| \cdot |\vec{b}| \cdot \sin(\varphi)$

Orthogonalität $\vec{a} \times \vec{b} \perp \vec{a}$ und $\vec{a} \times \vec{b} \perp \vec{b}$;

$\vec{a} \times \vec{b}$ ist **Normalenvektor** zu $\vec{a}$ und $\vec{b}$

$\vec{a} \perp \vec{b} \Rightarrow |\vec{a} \times \vec{b}| = |\vec{a}| \cdot |\vec{b}|$

Fläche Flächeninhalt des von $\vec{a}$ und $\vec{b}$ aufgespannten Parallelogramms: $|\vec{a} \times \vec{b}|$

Kollineare Vektoren $\vec{a}$ und $\vec{b}$ kollinear $\Leftrightarrow \vec{a} \times \vec{b} = \vec{0}$

Rechengesetze (1) $\vec{b} \times \vec{a} = -\vec{a} \times \vec{b}$ (2) $(s \cdot \vec{a}) \times \vec{b} = \vec{a} \times (s \cdot \vec{b}) = s \cdot (\vec{a} \times \vec{b})$ $(s \in \mathbb{R})$

(3) $\vec{a} \times (\vec{b} + \vec{c}) = (\vec{a} \times \vec{b}) + (\vec{a} \times \vec{c})$ (4) $(\vec{a} + \vec{b}) \times \vec{c} = (\vec{a} \times \vec{c}) + (\vec{b} \times \vec{c})$

Spatprodukt

$$(\vec{a} \times \vec{b}) * \vec{c} = \begin{pmatrix} a_2 b_3 - a_3 b_2 \\ a_3 b_1 - a_1 b_3 \\ a_1 b_2 - a_2 b_1 \end{pmatrix} * \begin{pmatrix} c_1 \\ c_2 \\ c_3 \end{pmatrix} = a_2 b_3 c_1 + a_3 b_1 c_2 + a_1 b_2 c_3 - a_3 b_2 c_1 - a_1 b_3 c_2 - a_2 b_1 c_3$$

heißt **Spatprodukt (gemischtes Produkt)** der linear unabhängigen Vektoren $\vec{a}, \vec{b}$ und $\vec{c}$

Geometrische Bedeutung:

Volumen des von $\vec{a}, \vec{b}$ und $\vec{c}$ aufgespannten Spats:

$$V = |(\vec{a} \times \vec{b}) * \vec{c}|$$

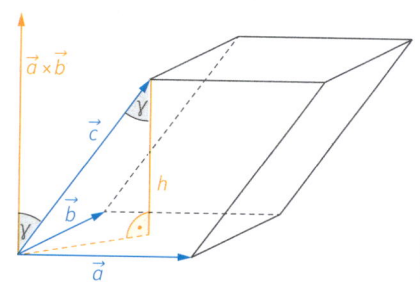

Punkte, Flächen, Körper

Mittelpunkt einer Strecke

Mittelpunkt M einer Strecke $\overline{AB}$:

$\vec{m} = \frac{1}{2}(\vec{a} + \vec{b})$; $\vec{a}, \vec{b}$ und $\vec{m}$ Ortsvektoren zu A, B und M.

Schwerpunkt eines Dreiecks

Schwerpunkt S eines Dreiecks:

$\vec{s} = \frac{1}{3} \cdot (\vec{a} + \vec{b} + \vec{c})$; $\vec{a}, \vec{b}, \vec{c}$ und $\vec{s}$ Ortsvektoren zu A, B, C und S.

Flächeninhalt	Dreieck	Parallelogramm
	$A = \frac{1}{2} \cdot \left| \vec{a} \times \vec{b} \right|$ $= \frac{1}{2} \cdot \left| \vec{a} \right| \cdot \left| \vec{b} \right| \cdot \sin(\varphi)$	$A = \left| \vec{a} \times \vec{b} \right|$ $= \left| \vec{a} \right| \cdot \left| \vec{b} \right| \cdot \sin(\varphi)$
Volumen	Spat	Dreiseitige Pyramide
	$V = \left| (\vec{a} \times \vec{b}) * \vec{c} \right|$	$V = \frac{1}{6} \cdot \left| (\vec{a} \times \vec{b}) * \vec{c} \right|$

Punkte,
Flächen,
Körper

↗ Vektorprodukt
S. 66

↗ Skalarprodukt
S. 65

Geraden

Parameterdarstellung in Punkt-Richtungsform	Gerade g durch Punkt A in Richtung $\vec{u}$: $g: \vec{x} = \vec{a} + r \cdot \vec{u}; \ r \in \mathbb{R}$ $\vec{a}$: **Stützvektor** (Ortsvektor zu A) $\vec{u}$: **Richtungsvektor** $\vec{x}$: Ortsvektor zu beliebigen Punkt X von g.	
Parameterdarstellung in Zwei-Punkte-Form	Gerade g durch zwei Punkte A und B: $g: \vec{x} = \vec{a} + r \cdot (\vec{b} - \vec{a}); \ r \in \mathbb{R}$ $\vec{a}, \vec{b}$ Ortsvektoren zu A und B. $\vec{a}$: Stützvektor $\overrightarrow{AB} = \vec{b} - \vec{a}$: Richtungsvektor	
Strecke	$\vec{x} = \vec{a} + r \cdot (\vec{b} - \vec{a}); \ 0 \leq r \leq 1$ beschreibt Strecke $\overline{AB}$; $\vec{a}, \vec{b}$ Ortsvektoren zu A und B.	
Normalenvektor $\vec{n}$ **Normalenform in der Ebene $\mathbb{R}^2$**	Vektor, der senkrecht zu einer Geraden ist ($\vec{n} \perp g$) Darstellung einer Gerade in der Ebene durch Punkt P und mit Normalen-vektor $\vec{n}$ $g: (\vec{x} - \vec{p}) \cdot \vec{n} = 0$ $\vec{p}$: Ortsvektor zu P	
Hesse'sche Normalenform	$g: (\vec{x} - \vec{p}) * \vec{n_0} = 0; \quad \vec{n_0}$: **Normaleneinheitsvektor**, $\vec{n_0} = \frac{\vec{n}}{|\vec{n}|}; \quad |\vec{n_0}| = 1$	
Koordinatengleichung	$a \cdot x + b \cdot y = c$ $\vec{n} * \vec{x} = c; \ \vec{n} = \begin{pmatrix} a \\ b \end{pmatrix}$ ist Normalenvektor; $\vec{x} = \begin{pmatrix} x \\ y \end{pmatrix}$ ist Ortsvektor zu Punkt X von g.	

Geraden-
darstellungen

Lagebeziehung zwischen Punkt, Gerade und Strecke

	$g: \vec{x} = \vec{a} + r \cdot \vec{u}$
P auf Gerade	P liegt auf g $\Leftrightarrow$ Es existiert r_P mit $\vec{p} = \vec{a} + r_P \cdot \vec{u}$; $\vec{p}$ Ortsvektor zu P.
P auf Strecke	P liegt auf Strecke $\overline{AB}$ $\Leftrightarrow$ $\vec{p} = \vec{a} + r_P \cdot (\vec{b} - \vec{a})$ mit $0 \leq r_P \leq 1$; $\vec{a}, \vec{b}, \vec{p}$ Ortsvektoren zu A, B und P.

Lagebeziehung zwischen Geraden

Geraden: $g: \vec{x} = \vec{p} + r \cdot \vec{u}$; $h: \vec{x} = \vec{q} + s \cdot \vec{v}$

g und h echt parallel

$g \parallel h$ und $g \neq h$

- $\vec{u}$ und $\vec{v}$ kollinear: $\vec{u} = t \cdot \vec{v}$
- Die Gleichung $\vec{q} = \vec{p} + r \cdot \vec{u}$ hat keine Lösung; $Q \notin g$

g und h identisch

$g = h$

- $\vec{u}$ und $\vec{v}$ kollinear: $\vec{u} = t \cdot \vec{v}$
- Die Gleichung $\vec{q} = \vec{p} + r \cdot \vec{u}$ hat Lösung r_Q; $Q \in g$

g und h schneiden sich

$g \cap h = S$

- Die Gleichung $\vec{p} + r \cdot \vec{u} = \vec{q} + s \cdot \vec{v}$ hat genau eine Lösung $(r_S; s_S)$

Schnittpunkt S mit Ortsvektor $\vec{s}$:

$\vec{s} = \vec{p} + r_S \cdot \vec{u} = \vec{q} + s_S \cdot \vec{v}$

g und h windschief

- Die Gleichung $\vec{p} + r \cdot \vec{u} = \vec{q} + s \cdot \vec{v}$ hat keine Lösung
- $\vec{u}$ und $\vec{v}$ sind nicht kollinear

Ebenen

Parameterdarstellung in Punkt-Richtungsform	Ebene durch Punkt A mit Richtungen $\vec{u}$ und $\vec{v}$ und $\vec{u}, \vec{v}$ nicht kollinear: $E: \vec{x} = \vec{a} + r \cdot \vec{u} + s \cdot \vec{v}$; $r, s \in \mathbb{R}$; $\vec{a}$: **Stützvektor** (Ortsvektor zu A) $\vec{u}, \vec{v}$: **Richtungsvektoren** $\vec{x}$: Ortsvektor zu einem beliebigen Punkt X von E	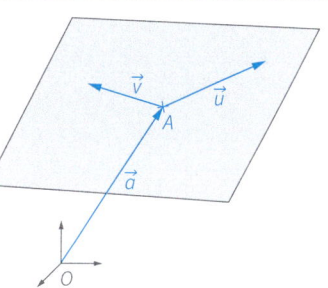
Parameterdarstellung in Drei-Punkte-Form	Ebene durch drei nicht kollineare Punkte A, B und C: $E: \vec{x} = \vec{a} + r \cdot (\vec{b} - \vec{a}) + s \cdot (\vec{c} - \vec{a})$; $r, s \in \mathbb{R}$ $\vec{a}, \vec{b}, \vec{c}$ sind Ortsvektoren zu A, B und C. $\vec{a}$: Stützvektor $\overrightarrow{AB} = \vec{b} - \vec{a}, \overrightarrow{AC} = \vec{c} - \vec{a}$: Richtungsvektoren	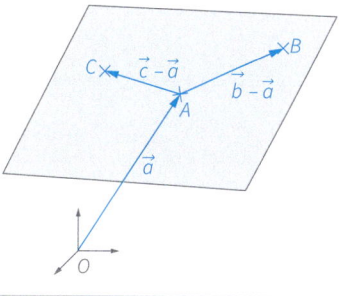
Normalenvektor $\vec{n}$	Vektor, der senkrecht zu einer Ebene ist, $\vec{n} \perp E$ Es gilt: (1) $\vec{n} * \vec{u} = 0$ und $\vec{n} * \vec{v} = 0$ (2) $\vec{n} = \vec{u} \times \vec{v}$ ist ein Normalenvektor von E.	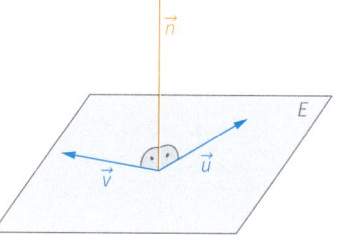 ↗ *Vektorprodukt* S. 66
Normalenform	Ebene durch Punkt P mit Normalenvektor $\vec{n}$ $E: (\vec{x} - \vec{p}) * \vec{n} = 0$ Es gilt: $(\vec{x} - \vec{p}) * \vec{n} = 0 \Leftrightarrow \vec{n} * \vec{x} = \vec{n} * \vec{p} = d$ $\vec{p}$: Ortsvektor zu P	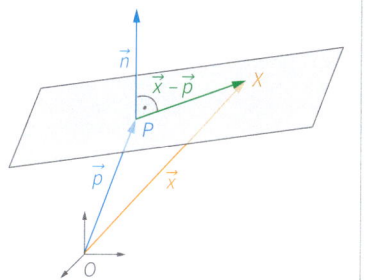
Hesse'sche Normalenform	$E: (\vec{x} - \vec{p}) * \vec{n_0} = 0$ bzw. $\vec{n_0} * \vec{x} = d$ mit $d = \vec{n_0} * \vec{p}$ $\vec{n_0}$: **Normaleneinheitsvektor $\vec{n_0} = \dfrac{\vec{n}}{\|\vec{n}\|}$**; $\|\vec{n_0}\| = 1$ d: Abstand von E zum Ursprung	
Koordinatengleichungen	• **Koordinatengleichung:** $E: a \cdot x + b \cdot y + c \cdot z = d$ $\vec{n} = \begin{pmatrix} a \\ b \\ c \end{pmatrix}$ Normalenvektor; $d = \vec{n} * \vec{p}$; $\vec{p}$ Ortsvektor zu Punkt P von E. • **Achsenabschnittsform:** $\dfrac{x}{a} + \dfrac{y}{b} + \dfrac{z}{c} = 1$; $a, b, c \neq 0$ • **Achsenschnittpunkte:** $S_x(a|0|0)$; $S_y(0|b|0)$; $S_z(0|0|c)$	

Lagebeziehung zwischen Punkt und Flächen

Punkt auf Ebene, $Q \in E$	$E: \vec{x} = \vec{a} + r \cdot \vec{u} + s \cdot \vec{v}$	$E: (\vec{x} - \vec{p}) * \vec{n} = 0$	$E: a \cdot x + b \cdot y + c \cdot z = d$
		Punkt Q; $\vec{q}$ Ortsvektor zu Q	
	Q liegt auf $E \Leftrightarrow$ Es existieren r_Q und s_Q mit $\vec{q} = \vec{a} + r_Q \cdot \vec{u} + s_Q \cdot \vec{v}$	Q liegt auf $E \Leftrightarrow$ $(\vec{q} - \vec{p}) * \vec{n} = 0$ liefert eine wahre Aussage	Q liegt auf $E \Leftrightarrow$ $a \cdot q_x + b \cdot q_y + c \cdot q_z = d$ liefert eine wahre Aussage

Punkt auf Dreieck	Punkt auf Dreieck	Punkt auf Parallelogramm
Punkt auf Parallelogramm	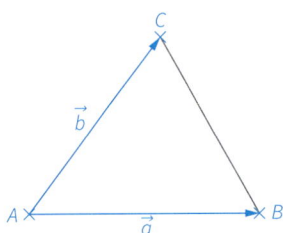	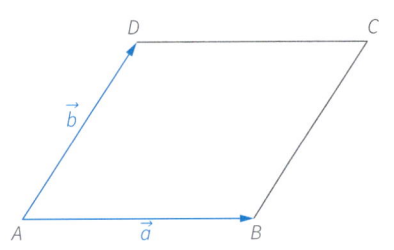
	P liegt auf Dreieck $ABC \Leftrightarrow$ $\vec{p} = r \cdot \vec{a} + s \cdot \vec{b}$ mit $0 \leq r, s \leq 1$ und $r + s \leq 1$	P liegt auf Parallelogramm $ABCD \Leftrightarrow$ $\vec{p} = r \cdot \vec{a} + s \cdot \vec{b}$ mit $0 \leq r, s \leq 1$

Lagebeziehung zwischen Gerade und Ebene

Lagebeziehungen

$g \cap E = S$

$g \parallel E$

g in E

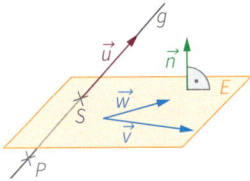

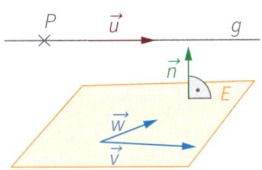

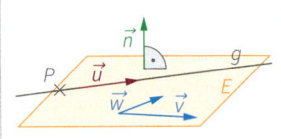

	g und E schneiden sich in einem Punkt S.	g und E sind zueinander echt parallel.	g liegt in E.

	Ebene in Parameterdarstellung	Ebene in Normalenform
	Gerade g: $\vec{x} = \vec{p} + r \cdot \vec{u}$	Gerade g: $\vec{x} = \vec{p} + r \cdot \vec{u}$; $r \in \mathbb{R}$
	Ebene E: $\vec{x} = \vec{q} + s \cdot \vec{v} + t \cdot \vec{w}$; $r, s, t \in \mathbb{R}$	Ebene E: $(\vec{x} - \vec{q}) * \vec{n} = 0$
g und E schneiden sich in Punkt S $g \cap E = S$	• $\vec{u}, \vec{v}, \vec{w}$ sind nicht komplanar. • Die Gleichung $\vec{p} + r \cdot \vec{u} = \vec{q} + s \cdot \vec{v} + t \cdot \vec{w}$ hat die Lösung (r_s, s_s, t_s). • $\vec{s} = \vec{p} + r_s \cdot \vec{u}$ $\vec{s}$ Ortsvektor von Schnittpunkt S.	• $\vec{u} * \vec{n} \neq 0, \vec{u} \not\perp \vec{n}$ • Die Gleichung $(\vec{p} + r \cdot \vec{u} - \vec{q}) * \vec{n} = 0$ hat die Lösung r_s. • $\vec{s} = \vec{p} + r_s \cdot \vec{u}$ $\vec{s}$ Ortsvektor von Schnittpunkt S.
g ist echt parallel zu E $g \parallel E$	• $\vec{u}, \vec{v}, \vec{w}$ sind komplanar. • Die Gleichung $\vec{p} = \vec{q} + s \cdot \vec{v} + t \cdot \vec{w}$ hat keine Lösung.	• $\vec{u} * \vec{n} = 0, \vec{u} \perp \vec{n}$ • Die Gleichung $(\vec{p} + r \cdot \vec{u} - \vec{q}) * \vec{n} = 0$ hat keine Lösung.
g liegt in E	• $\vec{u}, \vec{v}, \vec{w}$ sind komplanar. • Die Gleichung $\vec{p} = \vec{q} + s \cdot \vec{v} + t \cdot \vec{w}$ hat die Lösung (t_s, s_s).	• $\vec{u} * \vec{n} = 0, \vec{u} \perp \vec{n}$ • Die Gleichung $(\vec{p} + r \cdot \vec{u} - \vec{q}) * \vec{n} = 0$ hat unendlich viele Lösungen.

Lagebeziehungen

$E \cap F = g$

$E \parallel F$

$E = F$

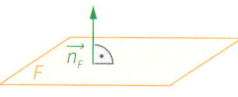

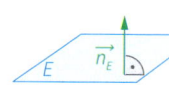

Die Ebenen schneiden sich in einer Geraden.	Die Ebenen sind zueinander echt parallel.	Die beiden Ebenen sind identisch.
$E \cap F = g$	$E \parallel F$	$E = F$

	Ebenen in Parameterdarstellung	**Ebenen in Normalenform**
	$E: \vec{x} = \vec{a} + r \cdot \vec{u_1} + s \cdot \vec{v_1}$	$E: (\vec{x} - \vec{p}) * \vec{n_E} = 0$
	$F: \vec{x} = \vec{b} + m \cdot \vec{u_2} + n \cdot \vec{v_2} \quad m, n, r, s \in \mathbb{R}$	$F: (\vec{x} - \vec{q}) * \vec{n_F} = 0$
E und F schneiden sich in einer Geraden $E \cap F = g$	• $\vec{u_1}; \vec{v_1}; \vec{u_2}$ sind nicht komplanar oder $\vec{u_1}; \vec{v_1}; \vec{v_2}$ sind nicht komplanar. • *Bestimmung von g:* Die Gleichung $\vec{a} + r \cdot \vec{u_1} + s \cdot \vec{v_1} = \vec{b} + m \cdot \vec{u_2} + n \cdot \vec{v_2}$ hat unendlich viele Lösungen, eine Variable frei wählbar.	• $\vec{n_E}; \vec{n_F}$ nicht kollinear. • *Bestimmung von g:* Das lineare Gleichungssystem mit zwei Gleichungen und drei Variablen hat unendlich viele Lösungen, eine Variable ist frei wählbar.
E und F sind echt parallel $E \parallel F$	• $\vec{u_1}; \vec{v_1}; \vec{u_2}$ sind komplanar oder $\vec{u_1}; \vec{v_1}; \vec{v_2}$ sind komplanar und $A \notin F$ *(A ist ein Punkt von E).* • Die Gleichung $\vec{a} + r \cdot \vec{u_1} + s \cdot \vec{v_1} = \vec{b} + m \cdot \vec{u_2} + n \cdot \vec{v_2}$ hat keine Lösungen.	• $\vec{n_E} \parallel \vec{n_F}$ • $(\vec{p} - \vec{q}) * \vec{n_F} = 0$ liefert falsche Aussage.
E und F sind identisch $E = F$	• $\vec{u_1}; \vec{v_1}; \vec{u_2}$ sind komplanar oder $\vec{u_1}; \vec{v_1}; \vec{v_2}$ sind komplanar und $A \in F$ *(A ist ein Punkt von E).* • Die Gleichung $\vec{a} + r \cdot \vec{u_1} + s \cdot \vec{v_1} = \vec{b} + m \cdot \vec{u_2} + n \cdot \vec{v_2}$ hat unendlich viele Lösungen, zwei Variablen ist frei wählbar.	• $\vec{n_E} \parallel \vec{n_F}$ • $(\vec{p} - \vec{q}) * \vec{n_F} = 0$ liefert wahre Aussage.

Winkel und Abstände

Winkel

Winkel zwischen zwei Geraden	Zwei Geraden $g: \vec{x} = \vec{a} + r \cdot \vec{u}$ und $h: \vec{x} = \vec{b} + s \cdot \vec{v}$ $\cos(\varphi) = \dfrac{\lvert \vec{u} * \vec{v} \rvert}{\lvert \vec{u} \rvert \cdot \lvert \vec{v} \rvert}$	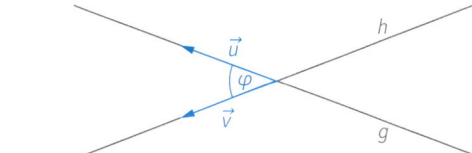
Winkel zwischen Gerade und Ebene	Gerade $g: \vec{x} = \vec{a} + r \cdot \vec{u}$ und Ebene $E: (\vec{x} - \vec{p}) * \vec{n} = 0$ $\sin(\varphi) = \dfrac{\lvert \vec{u} * \vec{n} \rvert}{\lvert \vec{u} \rvert \cdot \lvert \vec{n} \rvert}$ $0° \leq \varphi \leq 90°$ bzw. $\cos(\beta) = \dfrac{\lvert \vec{u} * \vec{n} \rvert}{\lvert \vec{u} \rvert \cdot \lvert \vec{n} \rvert}$ $0° \leq \beta \leq 90°$; $\varphi = 90° - \beta$	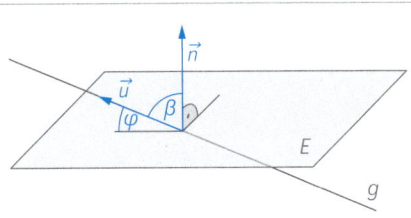
Winkel zwischen zwei Ebenen	Ebenen $E: (\vec{x} - \vec{p}) * \vec{n_E} = 0$ und $F: (\vec{x} - \vec{q}) * \vec{n_F} = 0$ $\cos(\varphi) = \dfrac{\lvert \vec{n_E} * \vec{n_F} \rvert}{\lvert \vec{n_E} \rvert \cdot \lvert \vec{n_F} \rvert}$	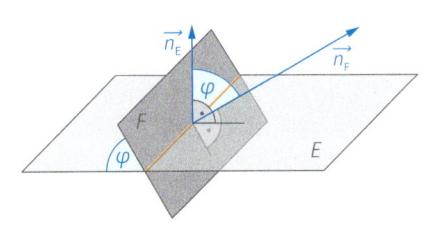

Abstände

Abstand zweier Punkte $d(P, Q)$	Zwei Punkte P und Q; $\vec{p}, \vec{q}$ Ortsvektoren zu P und Q: $d(P, Q) = \lvert \overrightarrow{PQ} \rvert = \lvert \vec{q} - \vec{p} \rvert$;	

Abstand eines Punktes von einer Geraden $d(P, g)$	**Lotfußpunktverfahren**	**mit Hilfsebene**
	Punkt P; Gerade $g: \vec{x} = \vec{a} + r \cdot \vec{u}$	

	• Lotfußpunkt F des Lots von P auf g: $\overrightarrow{FP} \cdot \vec{u} = 0$
	 • $d(P, g) = d(P, F) = \lvert \vec{p} - (\vec{a} + r_F \cdot \vec{u}) \rvert$
	    r_F: zu F gehörender Parameter von g
	
	 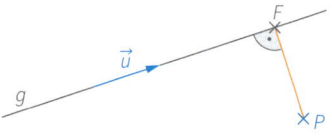
		• H: Ebene senkrecht zu g mit $P \in H$ und Normalenvektor $\vec{u}$
		    $H: (\vec{x} - \vec{p}) \cdot \vec{u} = 0$
		 • Lotfußpunkt $F = g \cap H$
		    $d(P, g) = d(P, F)$
		
		 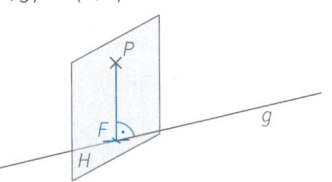

| Abstand eines Punktes von einer Ebene $d(P, E)$ | Punkt P; Ebene $E: (\vec{x} - \vec{q}) * \vec{n} = 0$
 $d(P, E) = \dfrac{\lvert \vec{n} * (\vec{p} - \vec{q}) \rvert}{\lvert \vec{n} \rvert}$

 Mit Hesse'scher Normalform:
 $d(P, E) = \lvert \vec{n_0} * (\vec{p} - \vec{q}) \rvert = \lvert \vec{n_0} * \vec{p} - d \rvert$ | 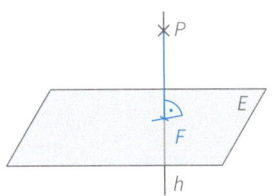 |

↗ Hesse'sche Normalenform S. 69

Abstand zweier windschiefer Geraden	Geraden $g: \vec{x} = \vec{a} + r \cdot \vec{u}$ $h: \vec{x} = \vec{b} + s \cdot \vec{v}$ $\vec{n}$: Normalenvektor von g und von h $d(g, h) = \dfrac{\left| (\vec{a} - \vec{b}) * \vec{n} \right|}{\left| \vec{n} \right|}$ Mit Hesse'scher Normalform: $d(g, h) = \left| (\vec{a} - \vec{b}) * \vec{n_0} \right|$	

Abstand paralleler Geraden	Abstand paralleler Ebenen	Abstand Gerade von paralleler Ebene
$d(g, h) = d(P, h)$ mit $P \in g$	$d(E, F) = d(P, F)$ mit $P \in E$	$d(g, F) = d(P, F)$ mit $P \in g$

Kreis, Kugel und Kegelschnitte

	Kreis	**Kugel**
Darstellung im Koordinaten-system	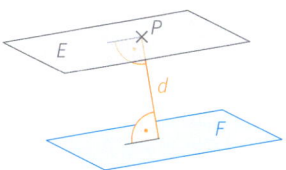 • Mittelpunkt: $M(m_1 \mid m_2)$ • Radius r	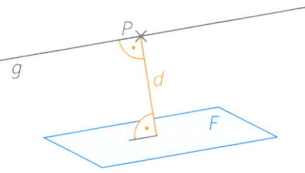 • Mittelpunkt: $M(m_1 \mid m_2 \mid m_3)$ • Radius r
Vektorgleichung	$K(M, r): \left| \vec{x} - \vec{m} \right| = r; \quad (\vec{x} - \vec{m}) \cdot (\vec{x} - \vec{m}) = r^2$	
Koordinaten-gleichung	$K(M, r): (x - m_1)^2 + (y - m_2)^2 = r^2$	$K(M, r): (x - m_1)^2 + (y - m_2)^2 + (z - m_3)^2 = r^2$
Parameter-gleichung	$\vec{x} = \begin{pmatrix} x(\alpha) \\ y(\alpha) \end{pmatrix} = \begin{pmatrix} m_1 \\ m_2 \end{pmatrix} + r \cdot \begin{pmatrix} \cos(\alpha) \\ \sin(\alpha) \end{pmatrix}$	$\vec{x} = \begin{pmatrix} x(\alpha) \\ y(\alpha) \\ z(\alpha) \end{pmatrix} = \begin{pmatrix} m_1 \\ m_2 \\ m_3 \end{pmatrix} + r \cdot \begin{pmatrix} \cos(\alpha) \cdot \cos(\beta) \\ \sin(\alpha) \cdot \cos(\beta) \\ \sin(\beta) \end{pmatrix}$
Tangente Tangentialebene		
	(1) $T: (\vec{b} - \vec{m}) * (\vec{x} - \vec{m}) = 0$	(2) $T: (\vec{b} - \vec{m}) * (\vec{x} - \vec{m}) = r^2$

↗ Trigono-metrische Funktionen S. 33

Kegelschnitte

Ellipse

Definition als Ortslinie:

$|\overline{F_1P}| + |\overline{F_2P}| = r_1 + r_2 = 2a$

$M(0|0): \dfrac{x^2}{a^2} + \dfrac{y^2}{b^2} = 1$

$M(m_1|m_2): \dfrac{(x-m_1)^2}{a^2} + \dfrac{(y-m_2)^2}{b^2} = 1$

$F_1; F_2$: Brennpunkte

$2a$: Hauptachse; $2b$: Nebenachse

e: Lineare Exzentrizität: $e^2 = a^2 - b^2$

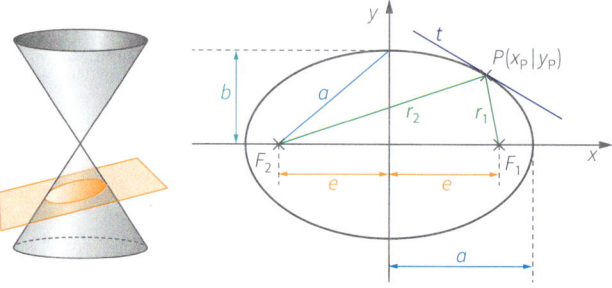

Tangente in $P(x_p|y_P)$: $M(0|0): \dfrac{x \cdot x_p}{a^2} + \dfrac{y \cdot y_P}{b^2} = 1$; $\quad M(m_1|m_2): \dfrac{(x-m_1)\cdot(x_p-m_1)}{a^2} + \dfrac{(y-m_2)\cdot(y_P-m_2)}{b^2} = 1$

Hyperbel

Definition als Ortslinie:

$|\overline{F_1P}| - |\overline{F_2P}| = r_1 - r_2 = 2a$

$M(0|0): \dfrac{x^2}{a^2} - \dfrac{y^2}{b^2} = 1$

$M(m_1|m_2): \dfrac{(x-m_1)^2}{a^2} - \dfrac{(y-m_2)^2}{b^2} = 1$

$F_1; F_2$: Brennpunkte

$2a$: Hauptachse; $2b$: Nebenachse

e: Lineare Exzentrizität: $e^2 = a^2 + b^2$

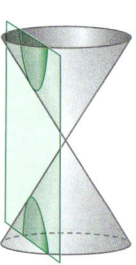
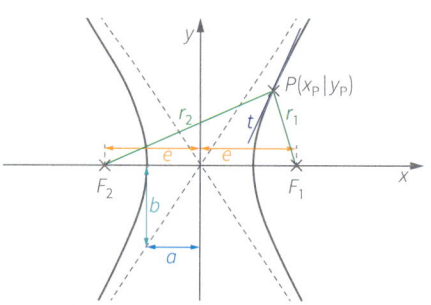

Tangente in $P(x_p|y_P)$: $M(0|0): \dfrac{x \cdot x_p}{a^2} - \dfrac{y \cdot y_P}{b^2} = 1$; $\quad M(m_1|m_2): \dfrac{(x-m_1)\cdot(x_p-m_1)}{a^2} - \dfrac{(y-m_2)\cdot(y_P-m_2)}{b^2} = 1$

Parabel

Definition als Ortslinie:

$|\overline{PF}| = d_1 = d(P, l) = d_2$

$S(0|0): y^2 = 2px$

$S(x_s|y_s): (y-y_s)^2 = 2p(x-x_s)$

F: Brennpunkt

l: Leitlinie

p: Parameter (Abstand Brennpunkt zu Leitlinie)

S: Scheitelpunkt

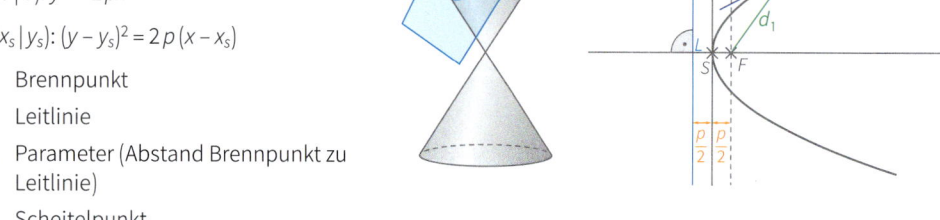
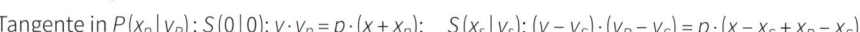

Tangente in $P(x_p|y_P)$: $S(0|0): y \cdot y_p = p \cdot (x+x_p)$; $\quad S(x_s|y_s): (y-y_s)\cdot(y_P-y_s) = p\cdot(x-x_s+x_P-x_s)$

Gemeinsame Scheitelgleichung	Kegelschnitte in Mittel- bzw. Scheitelpunktlage: $y^2 = 2px - (1-\varepsilon^2)\cdot x^2$
	$2p$: Länge der Sehne senkrecht zur Hauptachse durch einen Brennpunkt.
	$\varepsilon = \dfrac{e}{a}$: numerische Exzentrizität
	Ellipse: $0 < \varepsilon < 1$; Parabel: $\varepsilon = 1$; Hyperbel: $\varepsilon > 1$

Allgemeine Form der Kegelschnittgleichung	$Ax^2 + 2Bxy + Cy^2 + 2Dx + 2Ey + F = 0$
	Ellipse: $AC - B^2 > 0$; Parabel: $AC - B^2 = 0$; Hyperbel: $AC - B^2 < 0$

Matrizen

$(m \times n)$-Matrix	Eine Matrix ist ein rechteckig angeordnetes Zahlenschema mit m Zeilen und n Spalten. Bezeichnung: $(m \times n)$-Matrix bzw. $A_{m,n}$ $(m \times n)$ gibt den Typ der Matrix an. $a_{ij} \in \mathbb{R}$: Zahl in der i-ten Zeile und j-ten Spalte.	$A_{m,n} = \begin{pmatrix} a_{11} & a_{12} & \cdots & a_{1n} \\ a_{21} & a_{22} & \cdots & a_{2n} \\ \vdots & \vdots & \cdots & \vdots \\ a_{m1} & a_{m2} & \cdots & a_{mn} \end{pmatrix}$	**Definitionen, besondere Typen**
Spaltenvektor Zeilenvektor	Spaltenvektor: $(n \times 1)$-Matrix: $\vec{v} = \begin{pmatrix} v_1 \\ v_2 \\ \vdots \\ v_n \end{pmatrix}$	Zeilenvektor: $(1 \times n)$-Matrix: $\vec{u} = \begin{pmatrix} u_1 & u_2 & \dots & u_n \end{pmatrix}$	
Transponierte Matrix	Wenn in einer $(m \times n)$-Matrix die Zeilen mit den entsprechenden Spalten vertauscht werden, erhält man eine $(n \times m)$-Matrix. Diese Matrix heißt **transponierte Matrix**. Bezeichnung: A^T. Es gilt: $(A^T)^T = A$ Es gilt: Spaltenvektoren sind transponierte Zeilenvektoren und umgekehrt.	$A^T_{m,n} = A_{n,m} = \begin{pmatrix} a_{11} & a_{21} & \cdots & a_{m1} \\ a_{12} & a_{22} & \cdots & a_{m2} \\ \vdots & \vdots & \cdots & \vdots \\ a_{1n} & a_{2n} & \cdots & a_{mn} \end{pmatrix}$	
Nullmatrix	Nullmatrix: $a_{i,j} = 0$ für alle i und j. Bezeichnung: $\vec{0}$		

Quadratische Matrix	Anzahl der Zeilen und Anzahl der Spalten stimmen überein, $m = n$ Hauptdiagonale: a_{11} a_{22} $\dots$ a_{nn} Nebendiagonale: a_{1n} $a_{2(n-1)}$ $\cdots$ a_{n1}	$A_{m,n} = \begin{pmatrix} a_{11} & a_{12} & \cdots & a_{1n} \\ a_{21} & a_{22} & \cdots & a_{2n} \\ \vdots & \vdots & \vdots & \vdots \\ a_{n1} & a_{n2} & \cdots & a_{nn} \end{pmatrix}$ **Quadratische Matrizen**

Dreiecksmatrix Diagonalmatrix Einheitsmatrix	Dreiecksmatrix	Diagonalmatrix D	Einheitsmatrix E
	$\begin{pmatrix} a_{11} & a_{12} & \cdots & a_{1n} \\ 0 & a_{22} & \cdots & a_{2n} \\ \vdots & \vdots & \ddots & \vdots \\ 0 & 0 & \cdots & a_{nn} \end{pmatrix}$	$D = \begin{pmatrix} a_{11} & 0 & \cdots & 0 \\ 0 & a_{22} & \cdots & 0 \\ \vdots & \vdots & \ddots & \vdots \\ 0 & 0 & \cdots & a_{nn} \end{pmatrix}$	$E = \begin{pmatrix} 1 & 0 & \cdots & 0 \\ 0 & 1 & \cdots & 0 \\ \vdots & \vdots & \ddots & \vdots \\ 0 & 0 & \cdots & 1 \end{pmatrix}$

Symmetrische Matrix	Eine quadratische Matrix A heißt symmetrisch $\Leftrightarrow A = A^T$

Addition, Subtraktion	Für $(m \times n)$-Matrizen **A** und **B** vom gleichen Typ gilt: $A \pm B = \begin{pmatrix} a_{11} & a_{12} & \cdots & a_{1n} \\ a_{21} & a_{22} & \cdots & a_{2n} \\ \vdots & \vdots & & \vdots \\ a_{m1} & a_{m2} & \cdots & a_{mn} \end{pmatrix} \pm \begin{pmatrix} b_{11} & b_{12} & \cdots & b_{1n} \\ b_{21} & b_{22} & \cdots & b_{2n} \\ \vdots & \vdots & & \vdots \\ b_{m1} & b_{m2} & \cdots & b_{mn} \end{pmatrix} = \begin{pmatrix} a_{11} \pm b_{11} & a_{12} \pm b_{12} & \cdots & a_{1n} \pm b_{1n} \\ a_{21} \pm b_{21} & a_{22} \pm b_{22} & \cdots & a_{2n} \pm b_{2n} \\ \vdots & \vdots & & \vdots \\ a_{m1} \pm b_{m1} & a_{m2} \pm b_{m2} & \cdots & a_{mn} \pm b_{mn} \end{pmatrix}$	**Rechnen mit Matrizen** $r, s \in \mathbb{R}$
Rechenregeln	(1) $A + B = B + A$ (2) $A + (B + C) = (A + B) + C$	
Multiplikation mit einer reellen Zahl	$r \cdot A = r \cdot \begin{pmatrix} a_{11} & a_{12} & \cdots & a_{1n} \\ a_{21} & a_{22} & \cdots & a_{2n} \\ \vdots & \vdots & \vdots & \vdots \\ a_{m1} & a_{m2} & \cdots & a_{mn} \end{pmatrix} = \begin{pmatrix} r \cdot a_{11} & r \cdot a_{12} & \cdots & r \cdot a_{1n} \\ r \cdot a_{21} & r \cdot a_{22} & \cdots & r \cdot a_{2n} \\ \vdots & \vdots & \vdots & \vdots \\ r \cdot a_{m1} & r \cdot a_{m2} & \cdots & r \cdot a_{mn} \end{pmatrix}$	
Rechenregeln	(1) $r \cdot (s \cdot A) = (r \cdot s) \cdot A$ (2) $(r + s) \cdot A = r \cdot A + s \cdot A3$ (3) $r \cdot (A + B) = r \cdot A + r \cdot B$	

Rechnen mit Matrizen

$r, s \in \mathbb{R}$

Multiplikation mit Vektor

$$A \cdot \vec{v} = \begin{pmatrix} a_{11} & a_{12} & \cdots & a_{1n} \\ a_{21} & a_{22} & \cdots & a_{2n} \\ \vdots & \vdots & \vdots & \vdots \\ a_{m1} & a_{m2} & \cdots & a_{mn} \end{pmatrix} \cdot \begin{pmatrix} v_1 \\ v_2 \\ \vdots \\ v_n \end{pmatrix} = \begin{pmatrix} a_{11} \cdot v_1 + a_{12} \cdot v_2 + \cdots + a_{1n} \cdot v_n \\ a_{21} \cdot v_1 + a_{22} \cdot v_2 + \cdots + a_{2n} \cdot v_n \\ \vdots \\ a_{m1} \cdot v_1 + a_{m2} \cdot v_2 + \cdots + a_{mn} \cdot v_n \end{pmatrix}$$

Es gilt: $A \cdot \vec{v} = \vec{v^T} \cdot A$

Multiplikation mit Matrix

$$A \cdot B = \begin{pmatrix} a_{11} & a_{12} & \cdots & a_{1n} \\ a_{21} & a_{22} & \cdots & a_{2n} \\ \vdots & \vdots & \vdots & \vdots \\ a_{m1} & a_{m2} & \cdots & a_{mn} \end{pmatrix} \cdot \begin{pmatrix} b_{11} & b_{12} & \cdots & b_{1k} \\ b_{21} & b_{22} & \cdots & b_{2k} \\ \vdots & \vdots & \vdots & \vdots \\ b_{n1} & b_{n2} & \cdots & b_{nk} \end{pmatrix} = \begin{pmatrix} c_{11} & c_{12} & \cdots & c_{1k} \\ c_{21} & c_{22} & \cdots & c_{2k} \\ \vdots & \vdots & \vdots & \vdots \\ c_{m1} & c_{m2} & \cdots & c_{mk} \end{pmatrix}$$

c_{ij}: Skalarprodukt aus dem i-ten Zeilenvektor von A und dem j-ten Spaltenvektor von B.

$c_{ij} = a_{i1} \cdot b_{1j} + a_{i2} \cdot b_{2j} + \ldots + a_{in} \cdot b_{nj}$

Matrixpotenzen

Quadratische Matrizen $A_{m,m}$: $A^n = A \cdot A \cdot \ldots \cdot A$ (n-Faktoren)

Rechenregeln:

(1) $(A + B) \cdot C = A \cdot C + B \cdot C$ (2) $r \cdot (A \cdot B) = (r \cdot A) \cdot B$

(3) $(A \cdot B) \cdot C = A \cdot (B \cdot C)$ (4) Allgemein gilt: $A \cdot B \neq B \cdot A$

Inverse Matrix

A^{-1} heißt inverse Matrix zu der quadratischen Matrix $A_{n,n}$, wenn gilt:

$A \cdot A^{-1} = A^{-1} \cdot A = E$. E ist Einheitsmatrix

$A = \begin{pmatrix} a & b \\ c & d \end{pmatrix}$ und $ad - bc \neq 0 \Rightarrow A^{-1} = \dfrac{1}{ad - cb} \cdot \begin{pmatrix} d & -b \\ -c & a \end{pmatrix}$

Lineare Gleichungssysteme (LGS)

LGS in Matrizenschreibweise

$\begin{aligned} a_{11} x_1 + a_{12} x_2 + \ldots + a_{1n} x_n &= b_1 \\ a_{21} x_1 + a_{22} x_2 + \ldots + a_{2n} x_n &= b_2 \\ &\vdots \\ a_{m1} x_1 + a_{m2} x_2 + \ldots + a_{mn} x_n &= b_m \end{aligned}$ $\Leftrightarrow$ $\begin{pmatrix} a_{11} & a_{12} & \cdots & a_{1n} \\ a_{21} & a_{22} & \cdots & a_{2n} \\ \vdots & \vdots & \vdots & \vdots \\ a_{m1} & a_{m2} & \cdots & a_{mn} \end{pmatrix} \cdot \begin{pmatrix} x_1 \\ x_2 \\ \vdots \\ x_n \end{pmatrix} = \begin{pmatrix} b_1 \\ b_2 \\ \vdots \\ b_m \end{pmatrix}$ $\Leftrightarrow A \cdot \vec{x} = \vec{b}$

Koeffizientenmatrix: $\begin{pmatrix} a_{11} & a_{12} & \cdots & a_{1n} \\ a_{21} & a_{22} & \cdots & a_{2n} \\ \vdots & \vdots & \vdots & \vdots \\ a_{m1} & a_{m2} & \cdots & a_{mn} \end{pmatrix}$

Erweiterte Koeffizientenmatrix $\left(\begin{array}{cccc|c} a_{11} & a_{12} & \cdots & a_{1n} & b_1 \\ a_{21} & a_{22} & \cdots & a_{2n} & b_2 \\ \vdots & \vdots & \vdots & \vdots & \vdots \\ a_{m1} & a_{m2} & \cdots & a_{mn} & b_m \end{array} \right)$

Folgende elementare Zeilenumformungen der erweiterten Koeffizientenmatrix verändern nicht die Lösungsmenge:

- Vertauschen zweier Zeilen
- Multiplikation einer Zeile mit einer reellen Zahl $r \neq 0$
- Addition einer Zeile zu einer anderen Zeile.

Gauß'sches Eliminationsverfahren

Die erweiterte Koeffizientenmatrix wird systematisch durch elementare Zeilenumformungen in eine Dreiecksform überführt. Durch Einsetzen von unten nach oben können dann die Lösungen ermittelt werden.

Anzahl der Lösungen

Matrix in Dreiecksform:

- **Eine Lösung:** wenn $a_{11} = a_{22} = \ldots = a_{mn} = 1$
- **keine Lösung:** wenn $a_{m1} = a_{m2} = \ldots = a_{mn} = 0$ und $b_m = 1$
- **unendlich viele Lösungen:** wenn $a_{m1} = a_{m2} = \ldots = a_{mn} = 0$ und $b_m = 0$

Determinante einer Matrix	Die **Determinate** einer Matrix ist eine Zahl, die einer quadratischen Matrix zugeordnet wird und mit den Einträgen der Matrix berechnet wird. Bezeichnung: $\det(A)$ oder $\lvert A \rvert$ Es gilt: • $\det(E) = 1$ (E: Einheitsmatrix) • Der Wert einer Determinante bleibt unverändert, wenn ein Vielfaches einer Zeile oder einer Spalte zu einer anderen Zeile oder Spalte addiert wird.	Deter-minanten
A invertierbar	• Eine Matrix A ist **invertierbar**, wenn gilt: $\det(A) \neq 0$	
Unter-determinante	Die **Unterdeterminante** $\det(A_{ij})$ von $A_{n,n}$ ist die Determinate der Matrix $A_{n-1,n-1}$, die man durch Streichen der i-ten Zeile und j-ten Spalte von $A_{n,n}$ erhält.	

Berechnen von Determinanten	
$A_{2,2}$	$\det\begin{pmatrix} a & b \\ c & d \end{pmatrix} = ad - bc$
$A_{3,3}$	• **Regel von Sarrus**, gilt nur für (3×3)-Matrizen $\det\begin{pmatrix} a_{11} & a_{12} & a_{13} \\ a_{21} & a_{22} & a_{23} \\ a_{31} & a_{32} & a_{33} \end{pmatrix} = a_{11}a_{22}a_{33} + a_{12}a_{23}a_{31} + a_{13}a_{21}a_{32}$ $\qquad\qquad\qquad\quad - a_{13}a_{22}a_{31} - a_{11}a_{23}a_{32} - a_{12}a_{21}a_{32}$ • Berechnung mithilfe von Unterdeterminanten $\det\begin{pmatrix} a_{11} & a_{12} & a_{13} \\ a_{21} & a_{22} & a_{23} \\ a_{31} & a_{32} & a_{33} \end{pmatrix} = a_{11} \cdot \det\begin{pmatrix} a_{22} & a_{23} \\ a_{32} & a_{33} \end{pmatrix} - a_{12} \cdot \det\begin{pmatrix} a_{21} & a_{23} \\ a_{31} & a_{33} \end{pmatrix} + a_{13} \cdot \det\begin{pmatrix} a_{21} & a_{22} \\ a_{31} & a_{32} \end{pmatrix}$
Rechenregeln	(1) $\det(A \cdot B) = \det A \cdot \det B$ (2) Allgemein gilt: $\det(A + B) \neq \det A + \det B$ (3) $\det(r \cdot A) = r^n \cdot \det A$

Abbildungen

Definition	Eine Abbildung f heißt genau dann linear, wenn gilt: (1) $f(\vec{a} + \vec{b}) = f(\vec{a}) + f(\vec{b})$ (Additivität) (2) $f(r \cdot \vec{a}) = r \cdot f(\vec{a})$ (Homogenität)		Lineare Abbildungen $r \in \mathbb{R}$
	Abbildung in Ebene $\vec{x}\,' = f(\vec{x})$	Abbildung in Raum $\vec{x}\,' = f(\vec{x})$	
Abbildungs-gleichungen	Koordinatengleichungen: $\begin{aligned} x' &= a \cdot x + b \cdot y \\ y' &= c \cdot x + d \cdot y \end{aligned}$	$\begin{aligned} x' &= a \cdot x + b \cdot y + c \cdot z \\ y' &= d \cdot x + e \cdot y + f \cdot z \\ z' &= g \cdot x + h \cdot y + i \cdot z \end{aligned}$	
Abbildungsmatrix	Matrixschreibweise: $\vec{x}\,' = A \cdot \vec{x}; \quad \begin{pmatrix} x' \\ y' \end{pmatrix} = \begin{pmatrix} a & b \\ c & d \end{pmatrix} \cdot \begin{pmatrix} x \\ y \end{pmatrix}$	Matrixschreibweise: $\vec{x}\,' = A \cdot \vec{x}; \quad \begin{pmatrix} x' \\ y' \\ z' \end{pmatrix} = \begin{pmatrix} a & b & c \\ d & e & f \\ g & h & i \end{pmatrix} \cdot \begin{pmatrix} x \\ y \\ z \end{pmatrix}$	
	A heißt **Abbildungsmatrix**		

**Spezielle
Abbildungen
in Ebene und
Raum**

A: Abbildungs-
matrix

Abbildungen in der Ebene			
Achsenspiegelung	an *x*-Achse $A = \begin{pmatrix} 1 & 0 \\ 0 & -1 \end{pmatrix}$	an *y*-Achse $A = \begin{pmatrix} -1 & 0 \\ 0 & 1 \end{pmatrix}$	an $y = m \cdot x$ $\frac{1}{1+m^2}\begin{pmatrix} 1-m^2 & 2m \\ 2m & m^2-1 \end{pmatrix}$
Punktspiegelung an (0|0)	$A = \begin{pmatrix} -1 & 0 \\ 0 & -1 \end{pmatrix}$		
Drehung um α	$A = \begin{pmatrix} \cos(\alpha) & -\sin(\alpha) \\ \sin(\alpha) & \cos(\alpha) \end{pmatrix}$		
Zentrische Streckung	$A = \begin{pmatrix} k & 0 \\ 0 & k \end{pmatrix}$; Streckzentrum (0|0); Streckfaktor *k*; $k \neq 0$		

Abbildungen im Raum			
Achsenspiegelung	an *x*-Achse $A = \begin{pmatrix} 1 & 0 & 0 \\ 0 & -1 & 0 \\ 0 & 0 & -1 \end{pmatrix}$	an *y*-Achse $A = \begin{pmatrix} -1 & 0 & 0 \\ 0 & 1 & 0 \\ 0 & 0 & -1 \end{pmatrix}$	an *z*-Achse $A = \begin{pmatrix} -1 & 0 & 0 \\ 0 & -1 & 0 \\ 0 & 0 & 1 \end{pmatrix}$
Punktspiegelung an (0|0|0)	$A = \begin{pmatrix} -1 & 0 & 0 \\ 0 & -1 & 0 \\ 0 & 0 & -1 \end{pmatrix}$		
Ebenen-spiegelung	an *xy*-Ebene $A = \begin{pmatrix} 1 & 0 & 0 \\ 0 & 1 & 0 \\ 0 & 0 & -1 \end{pmatrix}$	an *xz*-Ebene $A = \begin{pmatrix} 1 & 0 & 0 \\ 0 & -1 & 0 \\ 0 & 0 & 1 \end{pmatrix}$	an *yz*-Ebene $A = \begin{pmatrix} -1 & 0 & 0 \\ 0 & 1 & 0 \\ 0 & 0 & 1 \end{pmatrix}$
Drehung um α	um die *x*-Achse $A = \begin{pmatrix} 1 & 0 & 0 \\ 0 & \cos(\alpha) & -\sin(\alpha) \\ 0 & \sin(\alpha) & \cos(\alpha) \end{pmatrix}$	um die *y*-Achse $A = \begin{pmatrix} \cos(\alpha) & 0 & -\sin(\alpha) \\ 0 & 1 & 0 \\ \sin(\alpha) & 0 & \cos(\alpha) \end{pmatrix}$	um die *z*-Achse $A = \begin{pmatrix} \cos(\alpha) & -\sin(\alpha) & 0 \\ \sin(\alpha) & \cos(\alpha) & 0 \\ 0 & 0 & 1 \end{pmatrix}$

**Affine
Abbildungen
in der Ebene**

A: Abbildungs-
matrix

$\vec{v}$: Verschie-
bungsvektor

Definition	Eine **affine Abbildung** setzt sich zusammen aus einer linearen Abbildung und einer Verschiebung.
Abbildungs-gleichungen	$\vec{x'} = f(\vec{x})$; Koordinatengleichungen: $\begin{matrix} x' = a \cdot x + b \cdot y + e \\ y' = c \cdot x + d \cdot y + f \end{matrix}$ Matrixschreibweise: $\vec{x'} = A \cdot \vec{x} + \vec{v}$; $\begin{pmatrix} x' \\ y' \end{pmatrix} = \begin{pmatrix} a & b \\ c & d \end{pmatrix} \cdot \begin{pmatrix} x \\ y \end{pmatrix} + \begin{pmatrix} e \\ f \end{pmatrix}$
Eigenschaften	• Geraden werden auf Geraden abgebildet. • Parallelität bleibt erhalten. • Das Teilverhältnis dreier Punkte, die auf einer Geraden liegen, bleibt erhalten.

Definition	Durch eine **Parallelprojektion** mit der Abbildungsgleichung $\vec{x'} = A \cdot \vec{x}$ wird jeder Punkt des Raumes längs parallel verlaufender Geraden auf einen Punkt in einer Ebene, die den Ursprung enthält, abgebildet. Die Projektionsrichtung ist bestimmt durch den Projektionsvektor $\vec{v} = \begin{pmatrix} v_1 \\ v_2 \\ v_3 \end{pmatrix}$.

Parallelprojektionen auf die Grundebenen	Parallelprojektion auf die xy-Ebene	Parallelprojektion auf die xz-Ebene	Parallelprojektion auf die yz-Ebene
	$A = \begin{pmatrix} 1 & 0 & -\frac{v_1}{v_3} \\ 0 & 1 & -\frac{v_2}{v_3} \\ 0 & 0 & 0 \end{pmatrix}$	$A = \begin{pmatrix} 1 & -\frac{v_1}{v_2} & 0 \\ 0 & 0 & 0 \\ 0 & -\frac{v_3}{v_2} & 1 \end{pmatrix}$	$A = \begin{pmatrix} 0 & 0 & 0 \\ -\frac{v_2}{v_1} & 1 & 0 \\ -\frac{v_3}{v_1} & 0 & 1 \end{pmatrix}$

Anmerkung: Häufig lässt man die Zeilen weg, die nur aus Nullen bestehen. Die entsprechende Koordinate des Bildpunktes ist dabei 0.

Projektionen im Raum

A: Abbildungsmatrix

Fixpunkt, Fixvektor	Ein **Fixpunkt** F einer Abbildung f ist ein Punkt, der durch f auf sich selbst abgebildet wird. Der Ortsvektor des Fixpunktes heißt **Fixvektor**, Bezeichnung: $\vec{x_F}$. Es gilt:
	• Lineare Abbildungen: $\quad \vec{x_F}$ ist Fixvektor von $f \Leftrightarrow A \cdot \vec{x_F} = \vec{x_F} \Leftrightarrow (A - E) \cdot \vec{x_F} = \vec{0}$
	• Affine Abbildungen: $\quad \vec{x_F}$ ist Fixvektor von $f \Leftrightarrow A \cdot \vec{x_F} + \vec{v} = \vec{x_F} \Leftrightarrow (A - E) \cdot \vec{x_F} = -\vec{v}$
Fixgerade, Fixpunktgerade	Eine Gerade, die auf sich selbst abgebildet wird, heißt **Fixgerade**. Eine Gerade, die aus lauter Fixpunkten besteht, heißt **Fixpunktgerade**.
Eigenvektor, Eigenwert	Der Vektor $\vec{v}$ heißt **Eigenvektor** zur Abbildungsmatrix A, wenn gilt: $A \cdot \vec{v} = \lambda \cdot \vec{v}$. λ heißt **Eigenwert** der Matrix A ($\lambda \in \mathbb{R}$). Für lineare Abbildungen mit $A = \begin{pmatrix} a & b \\ c & d \end{pmatrix}$ gilt: Eigenwerte sind Lösungen der Gleichung $|A - \lambda \cdot E| = 0 \Leftrightarrow \lambda^2 - (a + d)\lambda + ad - bc = 0$ $|A - \lambda \cdot E|$ heißt **charakteristisches Polynom**.

Fixpunkte, Eigenvektoren

A: Abbildungsmatrix

E: Einheitsmatrix

$\vec{v}$: Verschiebungsvektor

Übergangsmatrizen

Verflechtungsmatrix	Rohstoff-Zwischenprodukt-Matrix	Zwischenprodukt-Endprodukt-Matrix
	$M_{RZ} = (rz_{ij}) = \begin{pmatrix} rz_{11} & rz_{12} & \cdots & rz_{1n} \\ rz_{21} & rz_{22} & \cdots & rz_{2n} \\ \vdots & \vdots & \vdots & \vdots \\ rz_{m1} & rz_{m2} & \cdots & rz_{mn} \end{pmatrix}$	$M_{ZE} = (ze_{jk}) = \begin{pmatrix} ze_{11} & ze_{12} & \cdots & ze_{1q} \\ ze_{21} & ze_{22} & \cdots & ze_{2q} \\ \vdots & \vdots & \vdots & \vdots \\ ze_{n1} & ze_{n2} & \cdots & ze_{nq} \end{pmatrix}$
	rz_{ij}: Bedarf an Rohstoffeinheiten von R_i für Produktion einer Einheit von Z_j.	ze_{jk}: Bedarf an Zwischenprodukteinheiten Z_j zur Produktion einer Einheit von E_k.

Rohstoff-Endprodukte-Matrix: $M_{RE} = M_{RZ} \cdot M_{ZE} = (re_{ik}) = \begin{pmatrix} re_{11} & re_{12} & \cdots & re_{1q} \\ re_{21} & re_{22} & \cdots & re_{2q} \\ \vdots & \vdots & \vdots & \vdots \\ re_{m1} & re_{m2} & \cdots & re_{mq} \end{pmatrix}$

re_{ik}: Bedarf an Rohstoffeinheiten R_i für die Produktion einer Einheit von E_k.

Verbrauchs- und Produktionsvektoren	Rohstoffverbrauch	Produktion des Zwischenprodukts	Produktion des Endprodukts
	$\vec{r} = \begin{pmatrix} r_1 \\ \vdots \\ r_m \end{pmatrix}$	$\vec{z} = \begin{pmatrix} z_1 \\ \vdots \\ z_n \end{pmatrix}$	$\vec{p} = \begin{pmatrix} p_1 \\ \vdots \\ p_q \end{pmatrix}$
	$M_{RZ} \cdot \vec{z} = \vec{r}$	$M_{ZE} \cdot \vec{p} = \vec{z}$	$M_{RE} \cdot \vec{p} = \vec{r}$

Materialverflechtung

R_i: Rohstoffe
$i = 1, 2, \ldots, m$

Z_j: Zwischenprodukte
$j = 1, 2, \ldots, n$

E_k: Endprodukte
$k = 1, 2, \ldots, q$

<table>
<tr><td rowspan="2">**Material-verflechtung**</td><td>Kostenvektoren</td><td>Rohstoffkosten</td><td>Kosten Zwischenprodukt</td><td>Kosten Endprodukt</td></tr>
</table>

Kostenvektoren	Rohstoffkosten	Kosten Zwischenprodukt	Kosten Endprodukt
	$\vec{k_R} = \begin{pmatrix} k_{R_1} \\ \vdots \\ k_{R_m} \end{pmatrix}$	$\vec{k_Z} = \begin{pmatrix} k_{Z_1} \\ \vdots \\ k_{Z_n} \end{pmatrix}$	$\vec{k_E} = \begin{pmatrix} k_{E_1} \\ \vdots \\ k_{E_q} \end{pmatrix}$

	Rohstoffkosten:	Fertigungskosten:	
		Zwischenprodukt	Endprodukt
	$K_R = \vec{k_R} \cdot \vec{r}$	$K_Z = \vec{k_Z} \cdot \vec{z}$	$K_E = \vec{k_E} \cdot \vec{p}$

Gesamtkosten	Gesamte variable Kosten: $K_v = K_R + K_Z + K_E$ Gesamtkosten: $K = K_v + K_f;$ K_f: Fixkosten

| **Leontief-Modell** | **Input-output-Tabellen**

 $S_1, S_2, \ldots, S_n$: Sektoren der Volkswirtschaft

 x_{ij}: Anzahl Einheiten von s_i nach s_j

 Gesamtproduktion eines Sektors:
 $x_i = x_{i1} + \ldots + x_{in} + y_i$ | |

	S_1	...	S_n	Konsu-menten	Produk-tion
S_1	x_{11}	$\cdots$	x_{1n}	y_1	x_1
$\vdots$	$\vdots$	$\vdots$	$\vdots$	$\vdots$	$\vdots$
S_n	x_{n1}	$\cdots$	x_{nn}	y_n	x_n

	Leontief-Gleichung: $A \cdot \vec{x} + \vec{y} = \vec{x}$ Falls Leontief-Inverse $(E - A)^{-1}$ existiert, gilt: $\vec{x} = (E - A)^{-1} \cdot \vec{y}$	$A = \begin{pmatrix} \frac{x_{11}}{x_1} & \cdots & \frac{x_{1n}}{x_n} \\ \vdots & \cdots & \vdots \\ \frac{x_{n1}}{x_1} & \cdots & \frac{x_{nn}}{x_n} \end{pmatrix}$	A: Input-Matrix $\vec{x}$: Gesamtproduktionsvektor $\vec{y}$: Konsum-/Marktabgabevektor E: Einheitsmatrix

Markow'sche Prozesse Markow-Kette	**Stochastische Matrix**	Eine **stochastische Matrix** ist eine quadratische, invertierbare Matrix, wenn: • Für alle Elemente gilt $0 \le a_{ij} \le 1$ • Die Spaltensummen betragen 1.

	Markow'scher Prozess	$\vec{x'} = M \cdot \vec{x}$ • $\vec{x} = \begin{pmatrix} x_1 \\ \vdots \\ x_k \end{pmatrix}$: **Anfangsverteilung** (Startvektor): die Komponenten $x_1, x_2, \ldots, x_k$ geben die Bestände in den verschiedenen Zuständen an. • $M_{k,k}$: **Übergangsmatrix**: stochastische Matrix, die Übergänge vom Anfangszustand zum nächsten Zustand beschreibt. m_{ij}: Wahrscheinlichkeit für Wechsel von x_i zu x_j. • $\vec{x'} = \begin{pmatrix} x'_1 \\ \vdots \\ x'_k \end{pmatrix}$: Verteilung nach einem Zustandswechsel.

	Markow-Kette	Markow-Ketten beschreiben langfristige Entwicklungen für eine Abfolge von n Zustandswechseln. $\vec{x_n} = M^n \cdot \vec{x_0}$	$\vec{x_0}$: Startvektor M^n: Übergangsmatrix nach n Zeitschritten $\vec{x_n}$: Zustand nach n Zeitschritten

	Stationäre Verteilung, Fixvektor	Gilt $M \cdot \vec{x_F} = \vec{x_F}$, so beschreibt $\vec{x_F}$ eine **stationäre (stabile) Verteilung**. $\vec{x_F}$ heißt **Fixvektor**. Berechnung eines Fixvektors: Lösen des LGS $M \cdot \vec{x_F} = \vec{x_F}$ mit $x_{F_1} + x_{F_2} + \ldots + x_{F_n} = 1$ Es gilt: In M oder irgendeiner ihrer Potenzen treten nur positive Elemente auf $\Rightarrow$

	Grenzmatrix	$\lim\limits_{n \to \infty} M^n = G$ und die Spalten von G sind Fixvektoren $\vec{x_F}$; G: **Grenzmatrix**

	Grenzverteilung	$\vec{x_F} = \lim\limits_{n \to \infty} (M^n \cdot \vec{x_0})$ heißt Grenzverteilung. Sie ist die stationäre Verteilung.

Daten

Grundgesamtheit	Menge aller Objekte, über die man eine Aussage machen möchte.	
Stichprobe	Teil einer Grundgesamtheit, die auf ein bestimmtes **Merkmal** untersucht wird. Die verschiedenen **Ausprägungen** des Merkmals können **quantitativ** (Werte) oder **qualitativ** (Eigenschaften) sein. Der **Stichprobenumfang** n gibt die Größe der Stichprobe an.	n: Stichproben-umfang
Urliste	Ungeordnete Auflistung der erfassten Merkmalsausprägungen.	k: Anzahl der Merkmals-ausprägungen
Rangliste	Urliste mit nach Größe geordneten Werten	
Klasseneinteilung	Bei geordneten Stichproben mit einer großen Zahl von Merkmalsausprägungen werden oft mehrere benachbarte Merkmalsausprägungen zu Klassen zusammengefasst.	
absolute Häufigkeit $H(x_i)$	**Anzahl** aller Merkmalsträger mit einer Merkmalsausprägung x_i	
relative Häufigkeit $h(x_i)$	**Anteil** aller Merkmalsträger mit einer Merkmalsausprägung x_i bezogen auf den *Stichprobenumfang* n $h(x_i) = \dfrac{\text{absolute Häufigkeit}}{\text{Gesamtheit}} = \dfrac{H(x_i)}{n}$ (mit $H(x_1) + H(x_2) + \ldots + H(x_k) = n$)	

Modalwert D (Modus)	am häufigsten auftretende Merkmalsausprägung einer Urliste	n: Stichproben-umfang
arithmetisches Mittel $\bar{x}$ (Mittelwert, Durchschnitt)	mit absoluten Häufigkeiten: $\bar{x} = \dfrac{H(x_1) \cdot x_1 + H(x_2) \cdot x_2 + \ldots + H(x_k) \cdot x_k}{n}$ mit relativen Häufigkeiten: $\bar{x} = h(x_1) \cdot x_1 + h(x_2) \cdot x_2 + \ldots + h(x_k) \cdot x_k$	$x_1, \ldots, x_k$: Merkmals-ausprägungen
Median $\tilde{x}$ (Zentralwert)	Der Median $\tilde{x}$ teilt die Rangliste mit n Werten in zwei Teile. n ungerade: $\tilde{x}$ ist der Wert, der in der Mitte der Rangliste steht. n gerade: $\tilde{x}$ ist das arithmetische Mittel der beiden mittleren Werte.	
Quartile $x_{0,25}$ und $x_{0,75}$	unteres Quartil $x_{0,25}$: Median der unteren Datenhälfte oberes Quartil $x_{0,75}$: Median der oberen Datenhälfte	

Maximum x_{max}	größter Wert einer Urliste	$x_1, \ldots, x_k$: Merkmals-ausprägungen
Minimum x_{min}	kleinster Wert einer Urliste	
Spannweite R	Differenz zwischen Maximum und Minumum: $R = x_{max} - x_{min}$	$h(x_i)$: relative Häufigkeit der Merkmals-ausprägung x_i
empirische Varianz s^2 (Stichprobenvarianz)	Streumaß, das die *mittlere quadratische Abweichung* der einzelnen Werte vom arithmetischen Mittel $\bar{x}$ beschreibt $s^2 = \displaystyle\sum_{i=1}^{k} (x_i - \bar{x})^2 \cdot h(x_i)$ $\quad = (x_1 - \bar{x})^2 \cdot h(x_1) + (x_2 - \bar{x})^2 \cdot h(x_2) + \ldots + (x_k - \bar{x})^2 \cdot h(x_k)$	
Standardabweichung s	Maß für die Streubreite der Werte eines Merkmals rund um dessen arithmetisches Mittel $s = \sqrt{s^2}$	

Diagramme

$h(x_i)$: relative Häufigkeit der Merkmalsausprägung x_i

Piktogramm	Diagramm zur Veranschaulichung absoluter Häufigkeiten. Jedem Symbol entspricht eine bestimmte Anzahl.		

Säulendiagramm	Diagramm, bei dem Häufigkeiten durch senkrecht stehende Rechtecke veranschaulicht werden. x-Achse: Merkmalsausprägungen y-Achse: absolute Häufigkeiten oder relative Häufigkeiten

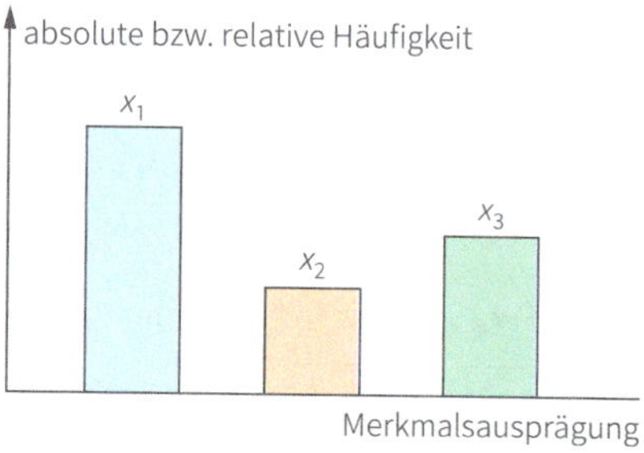

Balkendiagramm	Um 90° gedrehtes Säulendiagramm, bei dem Häufigkeiten durch waagerecht stehende Rechtecke veranschaulicht werden. x-Achse: absolute Häufigkeiten oder relative Häufigkeiten y-Achse: Merkmalsausprägungen

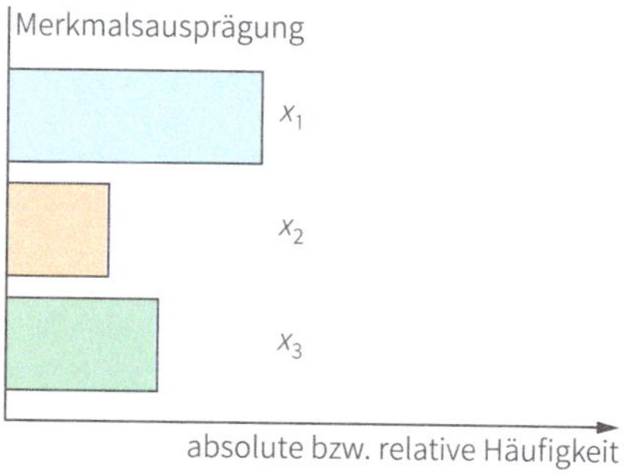

↗ relative Häufigkeit S. 81

Streifendiagramm	Diagramm, bei dem die relativen Häufigkeiten als Flächenanteile eines Streifens veranschaulicht werden. Breite des i-ten Rechtecks: $b_i = h(x_i) \cdot b$ mit b: Gesamtbreite des Streifens

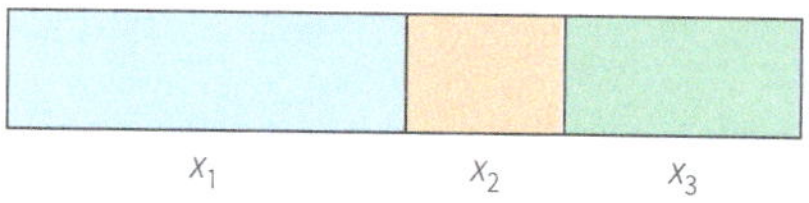

Kreisdiagramm	Diagramm, bei dem die relativen Häufigkeiten der Merkmalsausprägungen durch Kreissektoren veranschaulicht werden. Winkel des i-ten Kreissektors: $\alpha_i = h(x_i) \cdot 360°$

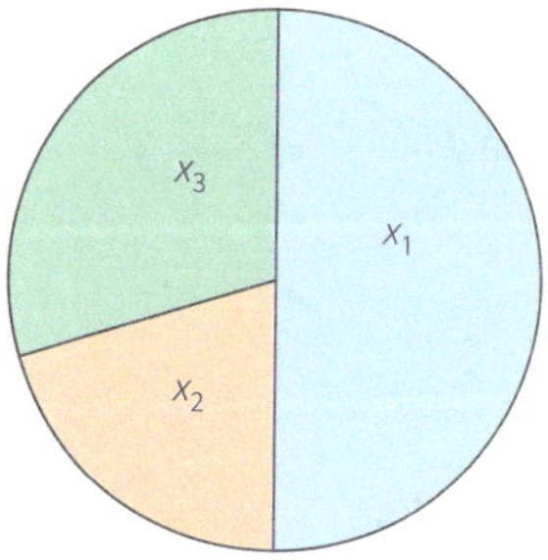

↗ Lage- und Streumaße S. 81

Boxplot	

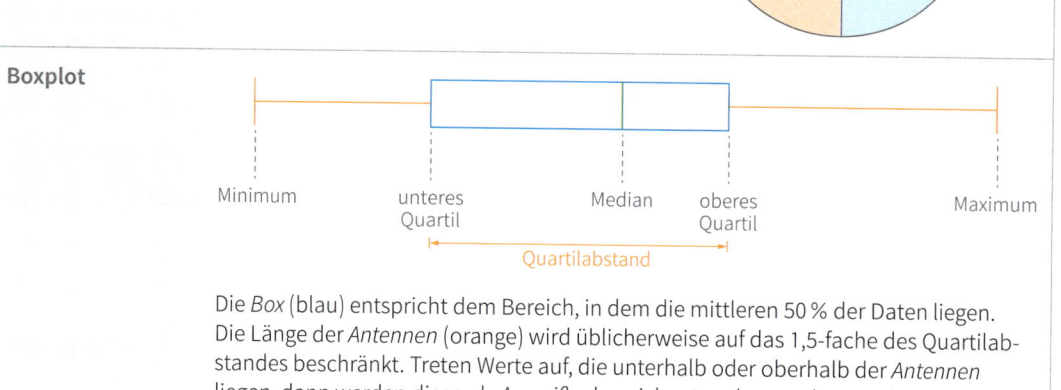

Die *Box* (blau) entspricht dem Bereich, in dem die mittleren 50 % der Daten liegen. Die Länge der *Antennen* (orange) wird üblicherweise auf das 1,5-fache des Quartilabstandes beschränkt. Treten Werte auf, die unterhalb oder oberhalb der *Antennen* liegen, dann werden diese als *Ausreißer* bezeichnet und gesondert markiert.

Wahrscheinlichkeitsrechnung

Grundbegriffe

n: Anzahl aller möglichen Ergebnisse

↗ Mengenlehre
S. 15

Zufallsexperiment (Zufallsversuch)	Vorgang, der unter genau festgelegten Versuchsbedingungen durchgeführt wird und dessen Ausgang ungewiss ist.
Ergebnis e	ein möglicher Ausgang eines Zufallsexperiments
Ergebnismenge Ω (Ergebnisraum)	Menge aller möglichen Ergebnisse: $\Omega = \{e_1; e_2; \ldots; e_n\}$
Ereignis E	Teilmenge E der Ergebnisraums: $E \subseteq \Omega$
Elementarereignis	Ereignis E, das genau ein Ergebnis enthält: $E = \{e_i\}$
sicheres Ereignis	Ereignis E, das alle Ergebnisse des Ergebnisraums Ω enthält: $E = \Omega$
unmögliches Ereignis	Ereignis E, das keines der Ergebnisse des Ergebnisraums Ω enthält: $E = \varnothing$
Gegenereignis $\overline{E}$	Das Gegenereignis $\overline{E}$ vom Ereignis E enthält alle Ergebnisse, die nicht zum Ereignis E gehören: $\overline{E} = \Omega \setminus E$
Schnitt $E_1 \cap E_2$ (Und-Ereignis)	Das Ereignis $E_1 \cap E_2$ enthält nur solche Ergebnisse, die sowohl in E_1 als auch in E_2 enthalten sind.
Vereinigung $E_1 \cup E_2$ (Oder-Ereignis)	Das Ereignis $E_1 \cup E_2$ enthält nur solche Ergebnisse, die in E_1 oder in E_2 oder in beiden Ereignissen enthalten sind.
Betrag $|E|$ (Mächtigkeit)	Anzahl der in E enthaltenen Elemente.

Wahrschein-lichkeit

↗ relative Häufigkeit
S. 81

empirisches Gesetz der großen Zahlen	Wird ein Zufallsexperiment sehr oft durchgeführt, so stabilisiert sich die dabei ermittelte relative Häufigkeit $h(E)$ eines Ereignisses E mit zunehmender Versuchsanzahl bei einem Wert $P(E)$. Dieser Wert wird als Schätzwert für die **Wahrscheinlichkeit des Ereignisses E** genommen.
Eigenschaften der Wahrscheinlichkeit	(1) $0 \le P(E) \le 1$ (2) $P(\Omega) = 1$ (*Wahrscheinlichkeit des sicheren Ereignisses*) (3) $P(\varnothing) = 0$ (*Wahrscheinlichkeit des unmöglichen Ereignisses*) (4) $P(E) = P(e_1) + P(e_2) + \ldots + P(e_k)$ für $E = \{e_1; e_2; \ldots; e_k\}$
Summenregel	$P(E_1 \cup E_2) = P(E_1) + P(E_2) - P(E_1 \cap E_2)$
Komplementärregel	Für die Wahrscheinlichkeiten eines Ereignisses E und des zugehörigen **Gegenereignisses $\overline{E}$** gilt: $P(E) + P(\overline{E}) = 1$, also $P(\overline{E}) = 1 - P(\overline{E})$

Zufalls-experimente

Laplace-Experiment	Ein Zufallsexperiment, bei dem alle Ergebnisse der Ergebnismenge gleich wahrscheinlich sind, heißt **Laplace-Experiment**. Bei Laplace-Experimenten gilt:	

- Wahrscheinlichkeit eines Ergebnisses e

$$P(e) = \frac{1}{\text{Anzahl aller möglichen Ergebnisse}} = \frac{1}{|\Omega|}$$

- Wahrscheinlichkeit eines Ereignisses E

$$P(E) = \frac{\text{Anzahl der für } E \text{ günstigen Ergebnisse}}{\text{Anzahl aller möglichen Ergebnisse}} = \frac{|E|}{|\Omega|}$$

Mehrstufiges Zufallsexperiment	Ein Zufallsexperiment heißt **mehrstufig**, wenn es aus mehreren Stufen besteht, wobei jede Stufe für sich genommen selbst wieder ein Zufallsexperiment ist. Besteht solch ein Zufallsexperiment aus k Stufen, so nennt man dieses ein *k-stufiges Zufallsexperiment*. Die Ergebnisse eines k-stufigen Zufallsexperiments notiert man als *k-Tupel*.

a, b, c: Ergebnisse der ersten Stufe

d, e: Ergebnisse der zweiten Stufe

p_i: zugehörige Wahrscheinlichkeit

Baumdiagramm	Baumdiagramme dienen der grafischen Beschreibung von mehrstufigen Zufallsexperimenten.

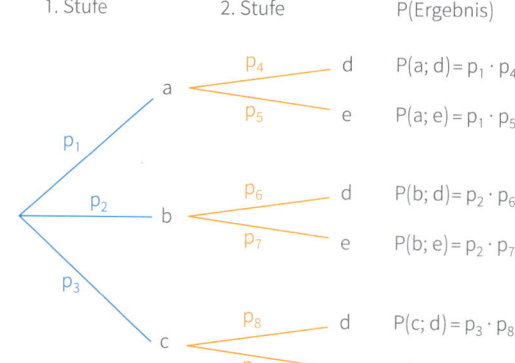

Produktregel (1. Pfadregel)	Die Wahrscheinlichkeit eines *Ergebnisses* ist gleich dem Produkt der Wahrscheinlichkeiten längs des zugehörigen Pfades im Baumdiagramm.
Summenregel (2. Pfadregel)	Die Wahrscheinlichkeit *eines Ereignisses* ist gleich der Summe der Wahrscheinlichkeiten der zum Ereignis gehörenden Pfade im Baumdiagramm.

Kombinatorik

$n, k \in \mathbb{N}$

$0 \le k \le n$

Fakultät	Definition: $n! = n \cdot (n-1) \cdot (n-2) \cdot \ldots \cdot 3 \cdot 2 \cdot 1$ für $n \ge 2$; $0! = 1$; $1! = 1$ Es gilt: (1) $(n+1)! = (n+1) \cdot n!$ (2) $\frac{n!}{(n-k)!} = n \cdot (n-1) \cdot (n-2) \cdot \ldots \cdot (n-k+1)$
Binomial-koeffizient	$\binom{n}{k} = \frac{n!}{k! \cdot (n-k)!} = \frac{n \cdot (n-1) \cdot \ldots \cdot (n-k+1)}{k \cdot (k-1) \cdot \ldots \cdot 1}$ Es gilt: (1) $\binom{n}{0} = \binom{n}{n} = 1$ (2) $\binom{n}{k} = \binom{n}{n-k}$ (3) $\binom{n}{k} + \binom{n}{k+1} = \binom{n+1}{k+1}$
Binomischer Lehrsatz	$(a+b)^n = \binom{n}{0} a^n b^0 + \binom{n}{1} a^{n-1} b^1 + \binom{n}{2} a^{n-2} b^2 + \ldots + \binom{n}{n-1} a^1 b^{n-1} + \binom{n}{n} a^0 b^n$ $= \sum_{k=0}^{n} \binom{n}{k} a^{n-k} b^k$
Zählprinzip der Kombinatorik	Besteht ein Zufallsexperiment aus *k* Stufen und ist die Zahl der möglichen Ergebnisse auf den einzelnen Stufen $m_1, m_2, \ldots, m_k$, dann hat das Zufallsexperiment $m_1 \cdot m_2 \cdot \ldots \cdot m_k$ mögliche Ergebnisse.

Variationen und Kombinationen	Anzahl der Möglichkeiten bei **k Ziehungen** aus einer Gesamtheit vom Umfang **n**:		
		Ziehung mit Zurücklegen	Ziehung ohne Zurücklegen
	Ziehung mit Beachtung der Reihenfolge (Variationen)	n^k	$\dfrac{n!}{(n-k)!}$
	Ziehung ohne Beachtung der Reihenfolge (Kombinationen)	$\binom{n+k-1}{k}$	$\binom{n}{k}$

Kombinatorik

$n, k \in \mathbb{N}$

$0 \leq k \leq n$

Definition	Für die **Wahrscheinlichkeit eines Ereignisses B unter der Bedingung A** gilt: $P_A(B) = \dfrac{P(A \cap B)}{P(A)}$ *alternative Schreibweise:* $P_A(B) = P(B \mid A)$

Bedingte Wahrscheinlichkeit

A, B: Ereignisse

$\overline{A}$, $\overline{B}$: zugehörige Gegenereignisse

Vierfeldertafeln

Vierfeldertafel mit Wahrscheinlichkeiten

	B	$\overline{B}$	gesamt
A	$P(A \cap B)$	$P(A \cap \overline{B})$	$P(A)$
$\overline{A}$	$P(\overline{A} \cap B)$	$P(\overline{A} \cap \overline{B})$	$P(\overline{A})$
gesamt	$P(B)$	$P(\overline{B})$	1

$$P_A(B) = \frac{P(A \cap B)}{P(A)}$$

Vierfeldertafel mit absoluten Häufigkeiten

	B	$\overline{B}$	gesamt
A	$|A \cap B|$	$|A \cap \overline{B}|$	$|A|$
$\overline{A}$	$|\overline{A} \cap B|$	$|\overline{A} \cap \overline{B}|$	$|\overline{A}|$
gesamt	$|B|$	$|\overline{B}|$	$|\Omega|$

$$P_A(B) = \frac{|A \cap B|}{|A|} \qquad P(A \cap B) = \frac{|A \cap B|}{|\Omega|}$$

Baumdiagramme

Baumdiagramm

inverses Baumdiagramm

Satz von Bayes

Satz über die totale Wahrscheinlichkeit:

$$P(B) = P(A \cap B) + P(\overline{A} \cap B) = P(A) \cdot P_A(B) + P(\overline{A}) \cdot P_{\overline{A}}(B)$$

Satz von Bayes:

$$P_B(A) = \frac{P(A) \cdot P_A(B)}{P(A) \cdot P_A(B) + P(\overline{A}) \cdot P_{\overline{A}}(B)}$$

stochastische Unabhängigkeit	Gilt $P_A(B) = P(B)$, dann ist B **stochastisch unabhängig** von A. Allgemein heißen A und B **stochastisch unabhängig voneinander**, wenn gilt: $P(A) \cdot P(B) = P(A \cap B)$.

Wahrscheinlichkeitsverteilungen

diskrete Zufallsgrößen

Zufallsgröße Zufallsvariable	Eine **Zufallsgröße X (Zufallsvariable)** ordnet jedem Ergebnis eines Zufallsversuchs eine reelle Zahl zu. Mit $X = k$ wird dasjenige Ereignis bestimmt, das alle Ergebnisse enthält, die zu k gehören.
	Eine Zufallsgröße, bei der man die Werte aufzählen kann (endlich viele oder abzählbar unendlich viele), heißt **diskrete Zufallsgröße**.

Wahrscheinlichkeitsverteilung	Für diskrete Zufallsgrößen heißt die Zuordnung $x_i \to P(X = x_i) = p_i$ $(0 \le i \le n)$ **Wahrscheinlichkeitsverteilung** der Zufallsgröße X.

Tabelle:

x_i	x_1	x_2	...	x_n
$P(X = x_i)$	p_1	p_2	...	p_n

Es gilt: $p_1 + p_2 + \ldots + p_n = 1$

Diagramm:

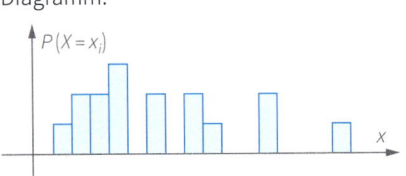

Kenngrößen

Seien $x_i (i = 1, 2, \ldots, n)$ die Werte, die eine diskrete Zufallsvariable annehmen kann und p_i die zugeordneten Wahrscheinlichkeiten.

$E(X) = \mu$: **Erwartungswert**

Erwartungswert von X
$$E(X) = \mu = \sum_{i=1}^{n} x_i \cdot p_i = x_1 \cdot p_1 + x_2 \cdot p_2 + \ldots + x_n \cdot p_n$$

$V(X)$: **Varianz**

Varianz
$$V(X) = \sum_{i=1}^{n} (x_i - \mu)^2 \cdot p_i = (x_1 - \mu)^2 \cdot p_1 + (x_2 - \mu)^2 \cdot p_2 + \ldots + (x_n - \mu)^2 \cdot p_n$$

σ: **Standardabweichung**

Standardabweichung
$$\sigma = \sqrt{V(X)}$$

Tschebyschew'sche Ungleichung	Mit der folgenden Ungleichung kann für große n die Wahrscheinlichkeit für das Abweichen der Zufallsgröße vom Erwartungswert $E(X)$ um mindestens ε abgeschätzt werden: $$P(|X - \mu| \ge \varepsilon) \le \frac{V(X)}{\varepsilon^2} \quad \text{für alle } \varepsilon > 0 .$$

Binomialverteilung

Bernoulli-Experiment Bernoulli-Kette	Ein Zufallsexperiment mit zwei möglichen Ergebnissen heißt **Bernoulli-Experiment**. Wiederholt man ein Zufallsexperiment n-mal, nennt man diese Folge von Zufallsexperimenten eine **Bernoulli-Kette der Länge n**, wenn folgende Eigenschaften gelten: (1) Jedes Experiment ist ein Bernoulli-Experiment. (2) Die Wahrscheinlichkeit p für einen Treffer ist bei jedem Versuch gleich. (3) Die Wiederholungen des Experiments sind unabhängig voneinander.

↗ Binomialkoeffizient S. 84

Binomialverteilung	Die Wahrscheinlichkeitsverteilung der Trefferanzahl X bei einer Bernoulli-Kette der Länge n mit der Trefferwahrscheinlichkeit p nennt man **Binomialverteilung** mit den Parametern n und p.

- Wahrscheinlichkeit für genau k Treffer:
$$P(X = k) = B(n; p; k) = \binom{n}{k} \cdot p^k \cdot (1 - p)^{n-k} \; ; \quad k = 0, 1, \ldots, n$$

Es gilt: $\binom{n}{k} = \frac{n!}{(n-k)! \cdot k!} = \frac{n \cdot (n-1) \cdot \ldots \cdot (n-k+1)}{k!} \; ; \quad n! = 1 \cdot 2 \cdot \ldots \cdot n$

- Wahrscheinlichkeit für mindestens einen Treffer: $P(X \ge 1) = 1 - (1 - p)^n$

Erwartungswert	$E(X) = \mu = n \cdot p$	
Varianz	$V(x) = n \cdot p \cdot (1-p)$	
Standard-abweichung	$\sigma = \sqrt{n \cdot p \cdot (1-p)}$	

Binomial-verteilung

Poissonverteilung	Für große n ($n \geq 50$) und kleine p ($p \leq 0{,}05$) ist die **Poissonverteilung** eine gute Näherung der Binomialverteilung: $P(X=k) \approx \dfrac{\mu^k}{k!} \cdot e^{-\mu}$; $e = 2{,}7182\ldots$ (Euler'sche Zahl); $E(X) = \mu = n \cdot p$; $V(x) = \mu$; $\sigma = \sqrt{\mu}$;
Gleichverteilung	Eine diskrete Zufallsgröße ist **gleichverteilt**, wenn gilt: $P(X=x_i) = \dfrac{1}{n}$; $i = 1, 2, 3, \ldots, n$ Spezialfall: $x_i = i$: $E(X) = \dfrac{n+1}{2}$; $V(X) = \dfrac{n^2-1}{12}$; $\sigma = \sqrt{\dfrac{n^2-1}{12}}$
Hyper-geometrische Verteilung	Die **hypergeometrische Verteilung** gehört zum „Ziehen ohne Zurücklegen": N: Grundgesamtheit M: Anzahl von Elementen aus N mit abweichendem Merkmal n: Stichprobe Wahrscheinlichkeit für k Elemente mit abweichendem Merkmal aus einer Stichprobe von n Elementen: $P(X=k) = \dfrac{\binom{M}{k} \cdot \binom{N-M}{n-k}}{\binom{N}{n}}$; $k \leq n \leq N$; $k \leq M \leq N$

Weitere Verteilungen

↗ Eulersche Zahl S. 50

	Eine Zufallsgröße, bei der die Werte alle reellen Zahlen aus einem Intervall $[a; b]$ oder ganz $\mathbb{R}$ annehmen können, heißt **stetige Zufallsgröße**.
Histogramm	In Histogrammen entsprechen den relativen Häufigkeiten h_i, mit denen die Werte in eine Klasse der Breite Δx_i fallen, der Maßzahl des Flächeninhalts der jeweiligen Rechtecke. Für die Höhe des Rechtecks d_i gilt: $d_i = \dfrac{h_i}{\Delta x_i}$.
Häufigkeitsdichte	Der Quotient d_i heißt **Häufigkeitsdichte**.
Dichtefunktion	Zu einer stetigen Zufallsgröße auf $[a; b]$ oder $\mathbb{R}$ gehört eine **Dichtefunktion** f. Es gilt: (1) $f(x) \geq 0$; $x \in [a; b]$ (2) $P(a \leq X \leq b) = \displaystyle\int_a^b f(x)\,dx$ (3) $\displaystyle\int_{-\infty}^{\infty} f(x)\,dx = 1$
Erwartungswert	$E(X) = \mu = \displaystyle\int_{-\infty}^{\infty} x \cdot f(x)\,dx$
Varianz	$V(X) = \displaystyle\int_{-\infty}^{\infty} (x-\mu)^2 \cdot f(x)\,dx$
Standard-abweichung	$\sigma = \sqrt{V(X)}$

Stetige Zufallsgrößen

Normalverteilung	Eine stetige Zufallsgröße X heißt normalverteilt mit den Parametern μ und σ, wenn die Dichtefunktion durch $$\varphi_{\mu,\sigma}(x) = \frac{1}{\sigma \cdot \sqrt{2\pi}} \cdot e^{-\frac{(x-\mu)^2}{2\sigma^2}}; \quad x \in \mathbb{R}$$ beschrieben wird. 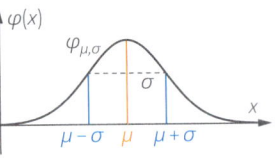

Für Wahrscheinlichkeiten gilt:
$$P(a \leq X \leq b) = \int_a^b \varphi_{\mu,\sigma}(x)\,dx$$

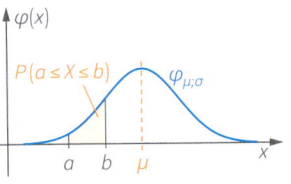

Standardnormal-verteilung	Spezialfall: **Standardnormalverteilung**: $\mu = 0; \sigma = 1$ $$\varphi_{0,1}(x) = \frac{1}{\sqrt{2\pi}} \cdot e^{-\frac{x^2}{2}}; \quad x \in \mathbb{R};$$ Verteilungsfunktion: $\Phi(z) = \frac{1}{\sqrt{2\pi}} \displaystyle\int_{-\infty}^{z} e^{-\frac{x^2}{2}}\,dx$

Sigma-Regeln

σ-Umgebung	$P(\mu - k\cdot\sigma \leq X \leq \mu + k\cdot\sigma)$	σ-Umgebung	$P(\mu - k\cdot\sigma \leq X \leq \mu + k\cdot\sigma)$
σ	68,3 %	$1,64\,\sigma$	90 %
2σ	95,5 %	$1,96\,\sigma$	95 %
3σ	99,7 %	$2,58\,\sigma$	99 %

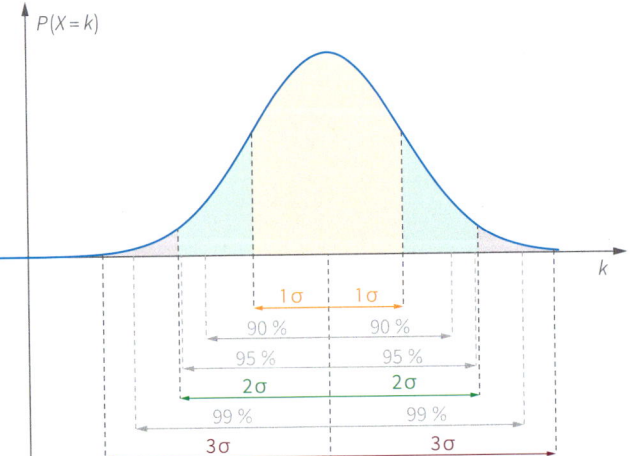

Näherungsformel mit Satz von Moivre-Laplace	Für eine Binomialverteilung mit den Parametern n und p und einer Standardabweichung $\sigma > 3$ (Laplace-Bedingung) können die Wahrscheinlichkeiten näherungsweise mithilfe der Normalverteilung berechnet werden: $$P(X = k) \approx \frac{1}{\sigma \cdot \sqrt{2\pi}} \cdot e^{-\frac{(k-\mu)^2}{2\sigma^2}}$$ Für $\sigma > 3$ gelten näherungsweise auch die Sigma-Regeln.

Beurteilende Statistik

<table>
<tr>
<td rowspan="6">Stichproben als Bernoulli-Versuche</td>
<td colspan="2">Entsprechungen einer Stichprobe und eines Bernoulliversuchs</td>
</tr>
<tr>
<td>Stichprobe</td>
<td>Bernoulliversuche</td>
</tr>
<tr>
<td>Stichprobenumfang n
(Elemente durchnummeriert bis n)</td>
<td>Anzahl der Stufen n</td>
</tr>
<tr>
<td>Absolute Häufigkeit H_n eines Merkmals in Stichprobe</td>
<td>Anzahl der Treffer k</td>
</tr>
<tr>
<td>Relative Häufigkeit h_n eines Merkmals in Stichprobe</td>
<td>Trefferwahrscheinlichkeit p</td>
</tr>
<tr>
<td>(empirische) Standardabweichung s in Stichprobe s_n</td>
<td>Standardabweichung σ</td>
</tr>
</table>

Stichproben, Bernoulli-versuche

Prognoseintervalle

Schließen von der Gesamtheit auf die Stichprobe

Sicherheitswahr-scheinlichkeit	Die Erfolgswahrscheinlichkeit in der Grundgesamtheit ist bekannt.

Ein zum Erwartungswert symmetrisches Intervall $[\mu - t; \mu + t]$, in das die Treffer-anzahlen X mit einer bestimmten Wahrscheinlichkeit fallen, heißt **Prognoseintervall**.

Wird z. B. die Wahrscheinlichkeit mit 95 % (**Sicherheitswahrscheinlichkeit**) festgelegt, spricht man vom 95 %-Prognoseintervall.

Prognoseintervalle mit Sigma-Umgebungen für …

… absolute Häufigkeiten H_n	… relative Häufigkeiten h_n (Abweichungen von Trefferwahrscheinlichkeit p)
$[\mu - k\sigma; \mu + k\sigma]$	$\left[p - \dfrac{k\sigma}{n}; p + \dfrac{k\sigma}{n} \right]$
$= \left[n \cdot p - k\sqrt{np(1-p)}; n \cdot p - k\sqrt{np(1-p)} \right]$	$= \left[p - k\dfrac{\sqrt{p(1-p)}}{\sqrt{n}}; p + k\dfrac{\sqrt{p(1-p)}}{\sqrt{n}} \right]$

$\frac{1}{\sqrt{n}}$-Gesetz	Die Breite der Prognoseintervalle nimmt mit wachsender Versuchszahl n nach dem $\frac{1}{\sqrt{n}}$-Gesetz ab.

Mit mindestens 95 % Sicherheit liegen die relativen Häufigkeiten für

$p = 0,5$ bei n Versuchen im Intervall $\left[0,5 - \dfrac{1}{\sqrt{n}}; 0,5 + \dfrac{1}{\sqrt{n}} \right]$

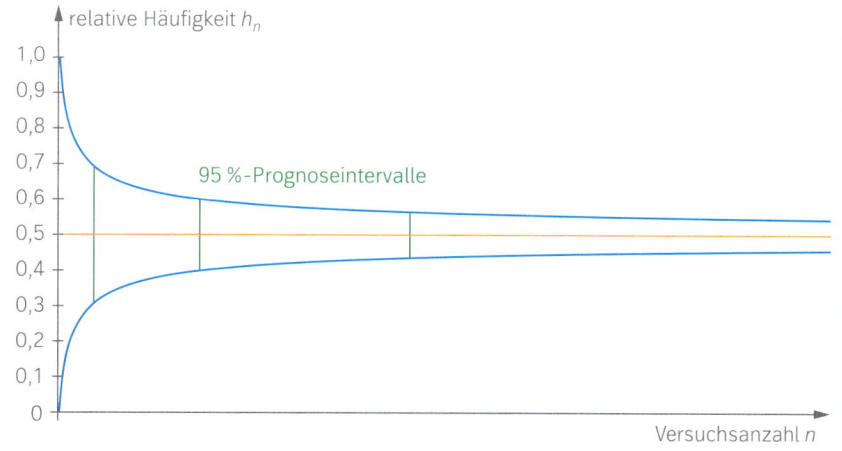

Schließen von der Gesamtheit auf die Stichprobe

H_0: Nullhypothese

H_1: Gegenhypothese

n: Stichprobengröße

p: unbekannte Trefferwahrscheinlichkeit

K, K_1, K_2: kritischer Wert

α: Irrtumswahrscheinlichkeit

Testen von Hypothesen

Nullhypothese Gegenhypothese	H_0: Nullhypothese (häufig der bisherige Kenntnisstand) H_1: Gegenhypothese (neu zu prüfende Vermutung) Testgröße X: Das Merkmal, das untersucht wird.
Entscheidungsregel	(1) Fällt bei der Testdurchführung die Testgröße X in einen vorgängig festgelegten Verwerfungsbereich $V \subseteq \{0, 1, 2, \ldots, n\}$, wird die Nullhypothese zugunsten der Gegenhypothese H_1 verworfen. (2) Fällt die Testgröße X in den Annahmebereich $A = \{0, 1, 2, \ldots, n\} \backslash V$, wird die Nullhypothese beibehalten.
Fehler	Die Entscheidung erfolgt auf der Grundlage einer Stichprobe, es können Fehler auftreten:

	Entscheidung für H_0	**Entscheidung für H_1**
Fehler 1. Art H_0 ist richtig	Entscheidung ist richtig.	**Fehler 1. Art (α-Fehler)** Nullhypothese wird verworfen, obwohl sie richtig ist
Fehler 2. Art H_0 ist falsch	**Fehler 2. Art (β-Fehler)** Nullhypothese wird angenommen, obwohl sie falsch ist.	Entscheidung ist richtig.

Signifikanztest	Ein **Signifikanztest** ist ein Hypothesentest, bei dem für die **Irrtumswahrscheinlichkeit** (Fehler 1. Art) eine obere Grenze α vorgegeben ist. α heißt **Signifikanzniveau**. Übliche Werte für α sind 5 %; 1 %; 0,1 %. Signifikantes Ergebnis für die Gültigkeit der Gegenhypothese H_1: Die Prüfgröße X der Stichprobe fällt in den **Verwerfungsbereich (kritischer Bereich)** der Nullhypothese H_0.

	Linksseitiger Test	**Rechtsseitiger Test**	**Beidseitiger Test**
	H_0: $p = p_0$; H_1: $p < p_0$	H_0: $p = p_0$; H_1: $p > p_0$	H_0: $p = p_0$; H_1: $p \neq p_0$
Kritischer Wert K	Die größte ganze Zahl K, für die die Irrtumswahrscheinlichkeit bei $p = p_0$ höchstens α beträgt, also $P(X \leq K) \leq \alpha$	Die kleinste ganze Zahl K, für die die Irrtumswahrscheinlichkeit bei $p = p_0$ höchstens α beträgt, also $P(X \geq K) \leq \alpha$	Die kleinsten ganzen Zahlen K_1 und K_2, für die die Irrtumswahrscheinlichkeit bei $p = p_0$ höchstens α beträgt, also $P(X \leq K_1) + P(X \geq K_2) \leq \alpha$
Entscheidungsregel	H_0 annehmen: $X > K$ H_1 annehmen: $X \leq K$	H_0 annehmen: $X < K$ H_1 annehmen: $X \geq K$	H_0 annehmen: $X > K_1 \wedge X < K_2$ H_1 annehmen: $X \leq K_1 \vee X \geq K_2$
Verwerfungsbereich	$V = \{0; 1; \ldots; K\}$	$V = \{K; K+1; \ldots; n\}$	$V = \{0, 1, \ldots, K_1\} \cup \{K_2, \ldots, n\}$

Irrtumswahr-scheinlichkeit	Die Irrtumswahrschein-lichkeit $P(X \leq K)$ ist für $p = p_0$ am größten.	Die Irrtumswahrschein-lichkeit $P(X \geq K)$ ist für $p = p_0$ am größten.	Die Irrtumswahrschein-lichkeit $P(X \leq K_1) + P(X \geq K_2)$ ist für $p = p_0$ am größten.

Schließen von der Gesamtheit auf die Stichprobe

Konfidenz-intervalle	Die Erfolgswahrscheinlichkeit in der Grundgesamtheit ist unbekannt und wird mit relativen Häufigkeiten h_n geschätzt. Die Merkmalsausprägung in der Grundgesamtheit ist binomialverteilt. Es sollte $\sigma > 3$ gelten.

Schließen von der Stich-probe auf die Gesamtheit

Ein **Konfidenzintervall** gibt die Grenzen von Wahrscheinlichkeiten an, die mit einem Stichprobenergebnis mit einer gewissen Sicherheitswahrscheinlichkeit verträglich sind. Bei einer Sicherheitswahrscheinlichkeit von 95 % spricht man von einem 95 %-Konfidenzintervall. Alle Werte für p, in deren 95 %-Prognoseintervall das Stichprobenergebnis h liegt, bilden das 95 %-Konfidenzintervall.

(1) **Wilson-Intervall:**
- untere Intervallgrenze (kleinster Wert für p).

  Lösung von $p + k \cdot \sqrt{\dfrac{p(1-p)}{n}} = h$

- obere Intervallgrenze (größter Wert für p):

  Lösung von $p - k \cdot \sqrt{\dfrac{p(1-p)}{n}} = h$

Näherungsformel   (2) **Wald-Intervall (Näherungsformel):**

$$\left[h - k \cdot \sqrt{\frac{h(1-h)}{n}} \; ; \; h + k \cdot \sqrt{\frac{h(1-h)}{n}} \right]$$

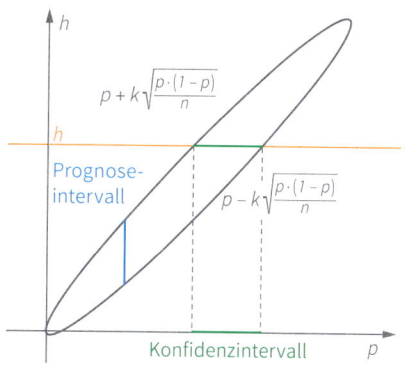

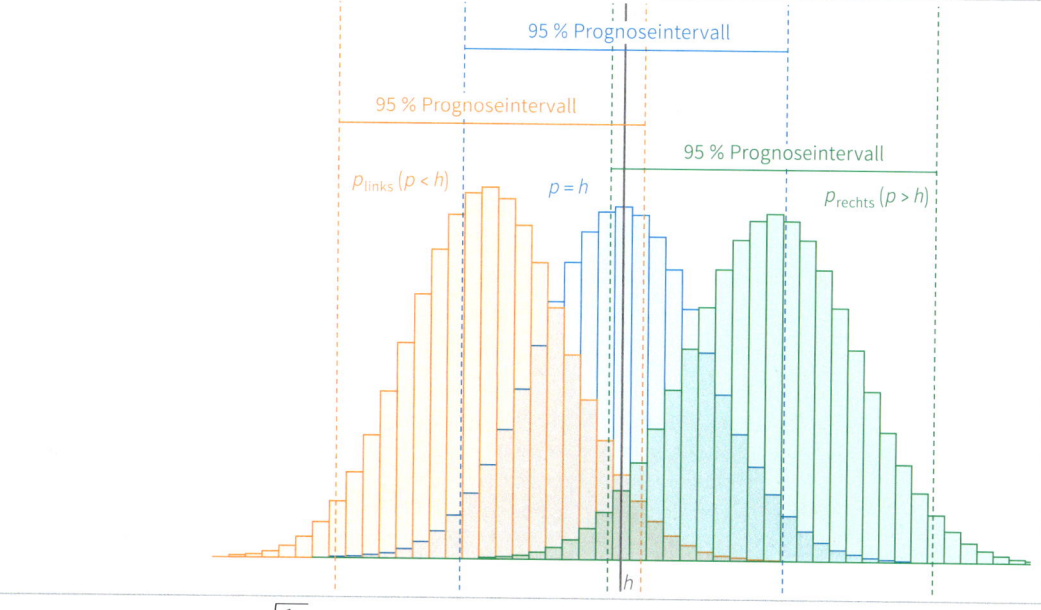

Fehlertoleranz ε	$\varepsilon \approx k \cdot \sqrt{\dfrac{1}{4n}}$
Stichproben-umfang	Berechnung des notwendigen Stichprobenumfangs bei Fehlertoleranz p % mit der Gleichung $\quad p\% = k \cdot \sqrt{\dfrac{1}{4n}}$ Faustformel für 95 %-Konfidenzintervall: $n \geq \dfrac{1}{\varepsilon^2}$